世界五千年

科技故事丛书

卢嘉锡题

世界五千年科技故事丛书

奔向极地

南北极考察的故事

丛书主编　管成学　赵骥民

编著　张祥君　王兴波

吉林出版集团 ｜ 吉林科学技术出版社

图书在版编目（CIP）数据

奔向极地：南北极考察的故事 / 管成学，赵骥民主编.
-- 长春：吉林科学技术出版社，2012.10（2022.1重印）
ISBN 978-7-5384-6127-5

Ⅰ.① 奔… Ⅱ.① 管… ② 赵… Ⅲ.① 南极－科学考察－普及读物②北极－科学考察－普及读物 Ⅳ.① N816.6-49

中国版本图书馆CIP数据核字（2012）第156274号

奔向极地：南北极考察的故事

主　　编　管成学　赵骥民
出 版 人　宛　霞
选题策划　张瑛琳
责任编辑　张胜利
封面设计　新华智品
制　　版　长春美印图文设计有限公司
开　　本　640mm×960mm　1 / 16
字　　数　100千字
印　　张　7.5
版　　次　2012年10月第1版
印　　次　2022年1月第4次印刷

出　　版　吉林出版集团
　　　　　吉林科学技术出版社
发　　行　吉林科学技术出版社
地　　址　长春市净月区福祉大路5788号
邮　　编　130118
发行部电话 / 传真　0431-81629529　81629530　81629531
　　　　　　　　　　81629532　81629533　81629534
储运部电话　0431-86059116
编辑部电话　0431-81629518
网　　址　www.jlstp.net
印　　刷　北京一鑫印务有限责任公司

书　　号　ISBN 978-7-5384-6127-5
定　　价　33.00元

序　言

十一届全国人大副委员长、中国科学院前院长、两院院士

（签名）

放眼21世纪，科学技术将以无法想象的速度迅猛发展，知识经济将全面崛起，国际竞争与合作将出现前所未有的激烈和广泛局面。在严峻的挑战面前，中华民族靠什么屹立于世界民族之林？靠人才，靠德、智、体、能、美全面发展的一代新人。今天的中小学生届时将要肩负起民族强盛的历史使命。为此，我们的知识界、出版界都应责无旁贷地多为他们提供丰富的精神养料。现在，一套大型的向广大青少年传播世界科学技术史知识的科普读物《世

界五千年科技故事丛书》出版面世了。

由中国科学院自然科学研究所、清华大学科技史暨古文献研究所、中国中医研究院医史文献研究所和温州师范学院、吉林省科普作家协会的同志们共同撰写的这套丛书，以世界五千年科学技术史为经，以各时代杰出的科技精英的科技创新活动作纬，勾画了世界科技发展的生动图景。作者着力于科学性与可读性相结合，思想性与趣味性相结合，历史性与时代性相结合，通过故事来讲述科学发现的真实历史条件和科学工作的艰苦性。本书中介绍了科学家们独立思考、敢于怀疑、勇于创新、百折不挠、求真务实的科学精神和他们在工作生活中宝贵的协作、友爱、宽容的人文精神。使青少年读者从科学家的故事中感受科学大师们的智慧、科学的思维方法和实验方法，受到有益的思想启迪。从有关人类重大科技活动的故事中，引起对人类社会发展重大问题的密切关注，全面地理解科学，树立正确的科学观，在知识经济时代理智地对待科学、对待社会、对待人生。阅读这套丛书是对课本的很好补充，是进行素质教育的理想读物。

读史使人明智。在历史的长河中，中华民族曾经创造了灿烂的科技文明，明代以前我国的科技一直处于世界领先地位，产生过张衡、张仲景、祖冲之、僧一行、沈括、郭守敬、李时珍、徐光启、宋应星这样一批具有世界影响的科学家，而在近现代，中国具有世界级影响的科学家并不多，与我们这个有着13亿人口的泱泱大国并不相称，与世界先进科技水平相比较，在总体上我国的科技水平还存在着较大差距。当今世界各国都把科学技术视为推动社会发展的巨大动力，把培养科技创新人才当做提高创新能力的战略方针。我国也不失时机地确立了科技兴国战略，确立了全面实施素质教育，提高全民素质，培养适应21世纪需要的创新人才的战略决策。党的十六大又提出要形成全民学习、终身学习的学习型社会，形成比较完善的科技和文化创新体系。要全面建设小康社会，加快推进社会主义现代化建设，我们需要一代具有创新精神的人才，需要更多更伟大的科学家和工程技术人才。我真诚地希望这套丛书能激发青少年爱祖国、爱科学的热情，树立起献身科技事业的信念，努力拼搏，勇攀高峰，争当新世纪的优秀科技创新人才。

目　录

目 录

引 言

人为未来生存，并为未来坚持不懈。

——罗伯特·斯科特

人类进步的历史就是从黑暗到光明的斗争，一旦人类不再追求真理，那就必将灭亡。

——南森

万物之灵对养育着他们的大地有着深厚的感情。早在远古时代，人类的祖先就在不断思考争论着这样一个问题：人类生存的大地究竟是什么样子？

在古希腊、巴比伦、希伯来、俄罗斯等各族人中，有着一种比较普遍的、共同的原始看法：大地是一块厚板。

中国古代则有盘古开天，女娲抟土造人，炼后补天的神话。说宇宙最初是混沌一团，像个大鸡蛋。一个名叫盘古的宇宙之神，就孕育在这一团混沌之中。过了18000年，这一团混沌中比较轻而清的部分开始以每天1丈的速度上升，逐渐变成了天；比较重而浊的部分下降，凝结而成为地。天，每天上升1丈，地的厚度每天增加1丈。盘古的身高每天增长1丈。这样又过了18000年，天变得很高了，地变得很厚了，盘古的身体变成日、月、风、云、雨、雪、山、河以及草、木等万物。后来女娲用黄土制造出万物之灵的人类，还炼石补天，用大乌龟的四条腿作为擎天柱。地有四边，所以，地是一块四边形的厚板。

但是，随着人类活动范围的扩大，人类视野的进一步开阔，慢慢产生了大地球形的概念。相传4000年以前，尧的臣子羲和就制作了一个"浑天仪"。

汉武帝时，天文学家落下闳等人根据古老相传的"浑天仪"也制作了浑仪。东汉时代，伟大的天文学家张衡（78—139）在他的《浑天仪图注》中对"浑天说"作了进一步的阐释：浑天的形状像鸡蛋，天包在地的外面，就像蛋壳包住蛋黄一样，明确表达了他认为大地是球形的概念。他制造出了闻名世界的一种浑天仪，仪器表面布满星宿，转动时，浑天仪表面星宿出没的规律和真正的天象相符合。

　　唐玄宗开元四年（724），我国古代著名的天文学家一行大师（俗名张遂，673—727）领导组织了一次北起蒙古人民共和国的哈拉和林，南迄越南顺化的子午线长度实际测量。其中，在河南白马（今滑县白马乡）及上蔡间，测得子午线1°之长为132.35千米，与现代在相应纬度处测得的子午线1°的长度为110.6千米已经相当接近。这是世界上第一次实测子午线，比西方早90多年，被李约瑟等人称为"科学史上划时代的创举"。

　　元世祖忽必烈至元四年（1267）扎马鲁丁制造出一架地球模型。《元史·天文志》说这个模型是用木头做的圆球，"七分为水，其色绿；三分为地，其色白，画江河湖海脉络贯串于其中。画作小方井，以计幅元之广袤，道里之远近"，这已俨然是一个现代的地球仪了。特别是地球表面积的7/10为海洋，3/10为陆地，古时那个地球模型与实际情况相当符合，真可谓世界地理史的一大奇迹。

　　在西方，公元前6世纪的希腊哲学家、数学家毕达哥拉斯（Pythagora，前582—前500）根据球是一切几何体中最完善的数学推理以及月食时大地在月上的投影是圆形等现象，提出地圆的理论学说。将近200年以后，另一位著名的古希腊大学者亚里士多德（Aristotle，前384—前

322）根据恒星位置的南北不一致，月亮是球形，月食时地球在月亮上的投影呈圆形等现象，进一步肯定大地是球形，并且是一个不太大的球。因为这个球假如很大，曲率就很小，而要在不太大的南北距离内，观察到明显的恒星位置变化是不可能的。

然而，大地是球形的说法仅仅停留在古人的幻想和推测的水平阶段，真正的令人信服的证据他们却拿不出来。

不过，人类是伟大的。当历史发展到15世纪时，灾难深重的欧洲大陆上掀起了一股开辟"新航路"的热潮，中国的指南针趁着这股东风大显身手。迪亚士开辟了通往印度的新航道，"黄金狂"哥伦布发现了"新大陆"，而麦哲伦的环球航行则有力地证明：地球的确是圆形的。

从"阿波罗号"宇宙飞船从太空上拍摄的照片来看，地球是个悬浮在浩渺宇宙中的大圆球。然而，随着现代化遥感技术的发展，人们得出了对地球——这个有着56亿年历史，介于金星和火星之间的特殊行星的新认识。

地球并非是一个绝对的大圆球，也不是一个简单的椭球体，而是一个一端微微凸起，另一端却又凹了进去的扁球体。它很像一个扁球状的"梨"。其中凹入的一端，相当于梨的底部，位于南极，那里是南极大陆，它比椭球面凹进去30米。凸起来的一端，相当于梨把，正在北极地区，处于冰层覆盖着的北冰洋海盘中心地带，它比椭球面高出10多米。凸起来的那部分却是拔出海面的大陆！造成这种神秘现象的原因，至今仍然是一个谜。它在召唤着人们去揭开其中的奥秘！

地球的南极、北极，远远地隔着亚洲、欧洲、非洲、美洲，太平洋、印度洋、大西洋，分立于地球的南北两端。

北极和南极，在植被、生物、水文、地质等方面有着许多共同点，又有着许多完全不相同的地方。千里冰原，漫天飘雪，极昼极夜，绚丽多姿的极光，肥胖的北极熊在冰上酣眠，绅士似的南极企鹅翘首瞭望，异常丰富的矿藏资源……南北极一切的一切是那样的迷人，那样的神秘，它吸引着人类不断地前往探索。

人类在南北极活动的历史，已经历了3个阶段，即英雄时代、无畏的考察时代和技术应用时代，而1957—1958年的国际地球物理年标志着人类对南北极的探索进入了第4个阶段——科学考察时代。

历史是盏永不灭的明灯，它照亮人类前进的道路。

在21世纪的今天，让我们来回顾一下人类在南北极活动的历史，其意义是巨大的。

北极熊睁开了蒙眬睡眼

　　地球在自转的同时，总是斜着身子在太阳系里围绕太阳公转。它的公转轨道面同赤道面形成23.5°的夹角。正是这个神秘的夹角的存在才有了地球上春夏秋冬更替的天文现象；才有了天文地理上所谓的热带、温带、寒带的划分；才有了极圈内分别长达半年的极昼和极夜。站在北极点上，仰望位于太空中的北极星，你会惊讶地发现：北极星恰好在头顶上向你眨眼微笑。在北极点上，没有东、西、北三个方向，你的前、后、左、右都是正南方！

　　北极地区（Apktnka）这个词源出于希腊文Apktoc，这是希腊人对总是出现在北方的大熊星座的称呼。

　　北极地区，包括了辽阔的欧亚大陆、北美大陆所环抱的北冰洋及其中的岛屿，南边缘通常以出现极昼和极夜现象的北极圈为界，面积为2 100万平方千米。由于地处高纬，这里的气温异常寒冷。北冰洋中部是千里冰封、亿万年积雪的大冰盖，被称为世界冷极的奥伊米亚康位于苏联西伯利亚的维尔霍扬斯克以南700千米处，这里的最低气温曾达到－71℃。就在这样的严寒冰窖里，生活着一种大型哺乳动物，这就是一直被人们看做是北极象征的北极熊。它那庞大的身躯、剽悍凶猛的本性注定了它要主宰北极。长期以来，北极熊高枕寒冰，吃饱喝足，无忧无虑。然而，或许是北冰洋离文明社会较近，这只北极熊的美梦被人类开发的脚步声打破了，它睁开了蒙眬睡眼，环顾四周。

长期以来，人们一直把发现美洲这块大陆的功劳归于哥伦布，实际上哥伦布并不是严格意义上的"发现"者，他只是第一次使另外半个地球袒露在世界面前。北美大陆最古老的居民应该是黑眼睛黄皮肤的亚洲人（可能是东亚人）。

或许你会惊讶地问：5万年前的人类，显然还没有发明渡海的船只，那些古人又是如何到达北美的呢？这要从"冰桥"和陆桥谈起。

北极地区是一片一望无际的冰洋。北冰洋上的冰层会帮你履冰过海，到某些岛上去。北冰洋水域的冰层能使"天堑"变通途，是一种天然的桥梁。所以，人们爱称其为"冰桥"。除了"冰桥"以外，在北极圈附近还有一座"陆桥"，它横卧于今天的亚欧大陆和北美大陆的白令海峡处。

经过深入地科学考察和研究分析，科学家们指出，从200万—300万年以前开始，一直到距今1万年前，北极地区的冰川范围曾经有过4次大的扩展，冰川面积最大的时候，甚至伸展到美国的北半部、北欧等许多地方。

在冰川范围扩展时期，海洋里的海水，经过蒸发、凝结、降雪而变成积雪。在融雪量少于降雪量的情况下，年复一年使积雪加厚。积雪在自身的重压下，又变成冰川冰，使冰川加厚。

结果是冰层加厚，范围扩大，海洋则因失去很多水，又得不到补充，使海面下降。

在最后一次冰川范围扩展时期，当时的海面降到比现在的海面要低100多米。现在水深只有30米左右的白令海峡，那时海底完全露出真面目，构成了连接亚洲与北美大陆的"陆桥"。

处在茹毛饮血时代的亚洲猎人，千里迢迢追捕猎物，于是有一部分人就跨过这座"陆桥"，进入了沉睡千万年的北美大陆。

那么，古代的亚洲猎人，最早是在什么时候进入新大陆的呢？从北美大陆发掘来的化石、石器推断，这个时间，距今大约四万多年，基本上接近五万年。

沧海桑田，斗转星移。随着第4纪冰川期的过去，北半球气温上升，奔腾咆哮的海水再度吞没了横跨亚欧大陆通往北美大陆的天然"陆桥"。

古老的亚洲人可视为第一批北极地区的探险者。这样的探险实质上是一次偶然之中必然的短暂的谋生迁徙活动。"陆桥"的沉沦使北极熊再度沉睡下去。

希腊神话中曾传说英雄海格立斯在地中海向阴间驰去，完成一项艰巨的使命时，在直布罗陀和它对面的摩洛哥的海岬上竖立了两根擎天柱，古代地中海沿岸国家的居民把矗立在悬崖峭壁之上的两根巨柱看做支撑世界的基点。而这两根柱子也位于世界西边的尽头直布罗陀海峡，人们将这两根柱子称之为海格立斯擎天柱。公元前5世纪至公元前3世纪，迦太基为了保护自己在非洲沿岸和西班牙南岸的殖民地区，牢牢地封锁了海格立斯柱，并在直布罗陀和阿尔赫西拉斯之间狭窄水域里布置了许多随时准备偷渡海峡的外国船只。但是大约在公元前4世纪，古罗马削弱了迦太基对直布罗陀海峡的控制。

大约在公元前3世纪，有个名叫皮萨斯的希腊人，在某一年的春天，率领一批商船，悄悄地越过海格立斯柱。皮萨斯驾舟顺着北大西洋暖流，鼓起风帆，在强劲的西风推动下，乘风破浪，一直沿着欧洲西海岸向北航进。皮萨斯一行到达了不列颠岛、奥克尼群岛，最远到达一个名叫"图勒"（Thaule）的奇怪地方。有些史书上说他们目睹了一些诸如"午夜太阳"、"永远不灭之火"等奇观。究竟"图勒"是什么地方，学者们争论不休，莫衷一是。有人认为是冰岛或法罗群岛，有人认为是丹麦，甚至有人认为图勒在北极圈内。皮萨斯将他的探险经过，沿途见闻，详细记载在《海洋》一书中。这本书曾引起过广泛轰动，现今已失传。

　　公元9世纪时，居住在北欧的诺曼人奥杰尔从北海起锚，沿斯堪的纳维亚半岛西海岸向北航行，绕过诺尔辰角，到达了白海及其附近的一些岛屿，这些地方已经超过了北纬70°线。

　　公元874年，古北欧人辗转迁徙来到冰岛落脚，并于公元930年建立了政府。这个政府的议会一直长久不衰地延续到现在。这是世界上历史最悠久的议会。

　　约在公元920年，诺曼人贡比约恩在前往冰岛的路上遇到了一股强劲的暴风，人和船一起被狂风卷到遥远的西方，在那里，他惊奇地发现一连串岛屿，这就是现在被称为贡比约恩的礁石岛，即现在的格陵兰地区。

也就是在这个时候，北极地区出现了一个幽灵，一个真正的古代北欧英雄，名叫红色艾力克。他的故事记载在《红色艾力克的世家》一书中。这本书是豪克于公元1320年收集起来的，故事用冰岛语记载在古代的皮革上。

艾力克原名艾力克·拉乌达，他以那像火一样红的胡子给自己命名。他的性情也像火一样热情、奔放、暴躁。他和很多北欧家族的人角斗过，以至于立法院将他驱逐出境。艾力克毫不示弱，果断地率领着他的妻儿、奴隶和伙伴们于公元982年挂起红色的帆船，驾着龙形战船，一直向西劈波斩浪。

肆虐的大西洋暴风鼓动着风帆，咆哮的冲天波涛撞击着甲板，没有密封的船舱积满了水，摇摇欲沉……

大海恣意地发着淫威，生命已到了随时可能葬身鱼腹的危险境地。

突然，风过云散，天高云淡，蔚蓝色的大海平静下来了，艾力克屹立船头，舒心地微笑着，他极目远眺，远远的茫茫海面上一个大岛屿的轮廓跃入眼帘，他急忙下令向那个岛前进。很快，这批勇士就兴奋地踏上了这块被艾力克命名为格陵兰的岛屿，他们在这儿定居下来了。格陵兰的英文意思是绿色的土地，格陵兰岛是世界第一大岛。

后来，艾力克的儿子雷夫·艾力克逊，这个勇敢而又不失礼貌和风度的年轻小伙子驾船来到挪威。当时，基督教正盛行于斯堪的纳维亚半岛。挪威国王盛情地接待了雷夫一行人，并要雷夫把基督教带回格陵兰传播。

雷夫一行人在归途中被暴风卷到北美大陆，他们历尽千辛万苦终于返回格陵兰，带回来一些令人羡慕的标本，其中有一种叫mausur的怪树。

大约在公元1003年的秋天，一个叫卡尔舍符尼的人从冰岛出发来到格陵兰。卡尔舍符尼是一个卓越的远程航海家，一个非常富有而又十分勇敢的男子汉。他于次年春天偕同妻子格特里特和一群勇敢的水手前往威兰（雷夫一行人在北美大陆发现的一个新国度）。据一些学者考证，这群人可能到达了巴芬湾、拉布拉多半岛、圣劳伦斯湾等地方。

卡尔舍符尼和妻子格特里特的爱情结晶在异国的一间小木屋里诞生了。这个男孩子是在美洲大陆的第一批北欧人的孩子。豪克正是他的后代。

后来，当春天再度降临北美大陆时，这群流浪的历险者思恋起了他们遥远的故乡。于是，装满了mausur树的龙船调转航向，重返格陵兰，然后又驶回冰岛。卡尔舍符尼把自己的妻儿领到厅堂上参拜列祖列宗。这就是《红色艾力克的世家》一书的尾声。

据一些史料记载，格陵兰岛的殖民者在最繁荣时期达到两千人左右。北欧人在这里一共建造了16座教堂，并向罗马教皇进贡了几百年。拉布拉多、巴芬等岛屿及格陵兰岛西海岸的大部分地区都有他们建立的殖民统治。然而，到了14世纪，格陵兰岛与北欧的贸易越来越不景气，殖民地的繁荣慢慢地衰落了。幸存的殖民者可能加入了沿海地区的爱斯基摩人的行列。北极圈内的这样一批探险者就如此神秘地消失了。谁也不知道出了什么事，是可怕的疾病夺去了他们的生命？也许他们因饥饿而死？一个欧洲的修道士这样记录着：

"80年来格陵兰没有船开来了。"

他写下了这个纪录的年份：1492年。

寻辟东北航线

  经过众多欧洲航海家、探险家的艰辛跋涉探索，到了16世纪中期，从欧洲通往美洲的海上"新航路"有了两条：一条是沿着非洲西海岸向南，绕过非洲南端的好望角，再折向东北航行；另一条是自欧洲西海岸驶入大西洋，一直向西航行，绕过南美洲南端的麦哲伦海峡，再向西穿过浩渺的太平洋。

  "新航路"的开辟确实给唯利是图的欧洲殖民者带来巨大的利益，也为东西方之间的经济文化交流作出了贡献。但是，海上变幻莫测，有时风平浪静，温顺恬静，霎时间又乌云满天，波涛滚滚。船只随时都有倾覆和触礁沉没的危险。同时，凶猛的海盗出没无常，给航海事业带来了巨大的威胁。

新辟的两条航路又都要远涉重洋。当时的船只和航海设备都很落后，进行这种远洋航行可真是极其艰难和危险。而拥有强大海上势力的西班牙与葡萄牙两国达成的海上默契又迫使其他国家不得不寻找另外的通往远东地区的航线。因此，人们很自然地提出这样一个问题：能不能找到一条通往东方的海上捷径呢？英国与丹麦的航海家把敏锐的目光落在了北冰洋上，他们想要穿过北冰洋到达亚洲北部和美洲。于是，寻辟东北航线的战幕拉开了。

休·威洛比爵士和理查德·钱塞勒首当探险者，他俩携带着英国国王爱德华六世致东部各国君主的信函，率领一支探险队，于1553年的一个风和日丽的日子里扬帆出征。航途中，他们遭遇了一场大风暴，海上雨雾蒙蒙，对面难见人影，两艘航船迷失了方向。钱塞勒所率领的帆船随风漂泊，后来到达了一个大海湾，当地居民告诉他们这个国家是俄罗斯。由于所带物质粮食的匮乏，钱塞勒被迫放弃帆船，改走陆路，穿过俄罗斯中部疆土到达莫斯科。随后，他返回英国。虽然，钱塞勒的这次首航对于开辟东北航线的作用微乎其微，但是，他带回来的大量关于俄国各方面的资料却有很大的历史价值。

休·威洛比爵士和理查德·钱塞勒打响了开辟东北航线

的第一炮，尽管这一炮并未如愿以偿地击中目标，但是却引起了热衷于探险事业的勇士的注意。1584年，一位在俄国公司供职的英国雇员发现了鄂毕河的入海口，他的发现又给开辟东北航线带来了一线希望。

荷兰人对开辟东北航线比英国人更有信心。威廉·巴伦支雄心勃勃地想沿着这条尚未发现的航线航行到美丽富饶的中国。他于1596年，亲自率领一支探险船向北极进发了。

巴伦支是一个智勇兼备的人，他注意吸取过去的探险家因浮冰阻隔航船而导致失败的教训，并总结自己过去两次北航的经验，决定避开茫茫冰海和层层冰山的阻隔，绕道从格陵兰东部海域北上，去探求新的航路。

船队顺利地驶入了北极海域。

航途中，巴伦支一行人发现了一个层峦叠嶂、荒凉萧瑟的群岛。巴伦支当时就把这群岛命名为"斯匹次卑尔根"意思是"尖削的山地"。这个群岛也就是现在北冰洋地图上所标注的斯瓦巴德群岛。

斯匹次卑尔根群岛周围宽阔的海域，由于受北上的大西洋暖流影响，形成北极地区少有的不冻海。在这片海区里，生物世界显得异常热闹。庞大的海鲸怡然畅游，海象成群结队地栖息在寒冷的海滩或浮冰上，小海豹围绕着母豹追逐嬉戏。探险队在冰天雪地的北极地区，见到这充满生机的地方，人人精神振奋，忘却了旅途的疲惫，继续北上。

但是，就在这个时候，船队内部发生了争执，一艘船脱离队伍驶回了荷兰。当主体船队在1597年到达新地岛北部的海域时，航船被无情的海水围困了。就在这一带，巴伦支和船员们挨过了两个严冬，他们千方百计地想使航船摆脱海水的禁锢，但最终都以失败告终。在无可奈何时，他们放弃了继续北上的念头，登上浮冰，踏上了归途。

归途中，寒冷、饥饿、疲倦甚至死亡严重地威胁着这群落魄者，人员相继失散。最后，巴伦支也不幸长眠于冰雪之中。

300年以后，人们在北极探险中，无意间发现了巴伦支探险队的部分遗物和日记。上面记载着他们这次探险的悲惨经过。

为了纪念这位伟大的探险家，人们把他生前考察过的那个群岛，按照他的意思，命名为斯匹次卑尔根群岛，把群岛周围的海域称作"巴伦支海"。

1607—1608年，英国人亨利·哈得逊两次从伦敦起航，去寻找北方航线，均以失败而告终。

哈得逊先后到达格陵兰岛东岸斯匹次卑尔根群岛，他的航船到达北纬80°23'时就成了强弩之末而再不能越雷池半步了。尽管如此，他创下的向北航行的纪录却保持了一个多世纪，直到1773年J.C.菲普斯船长才比他向北多航行了40千米。

巴伦支和哈得逊对于巴伦支海域丰富的水产资源的发现和描述，使欧洲各国的捕鲸船蜂拥而至。丹麦人在斯匹次卑尔根建立了一座捕鲸城。在捕鲸季节，各种与捕鲸有关的商业便呈现出一派繁荣的景象。

早期寻辟东北航线的探险均以失败告终，"人为未来生存，并为未来坚持不懈"。人们开始思索这样一个问题：亚欧大陆与北美大陆是否相连？若彼此相连，合为一整块大陆，那么，北冰洋和太平洋就被彻底分开，无法相通。相反，如果亚欧大陆与北美大陆彼此分离，那么，北冰洋和太平洋之间就一定有水道相通，开辟北方航线就有可能。解决这个问题的任务落在了丹麦探险家维图斯·白令的肩上。

18世纪初的俄国，正值彼得一世执政时期。他性情粗野，精力充沛，很富于理想。他很想使俄国摘掉贫穷落后的帽子，一跃而成为欧洲的强国。为此，他排除各种阻力进行了政治、经济、军事、文化等一系列的改革。几十年的改革使沙俄强大起来，这个掠夺成性的大"北极熊"开始把贪婪的目光移向远东西伯利亚地区和北美大陆。

沙俄统治者独具慧眼，任命维图斯·白令组建探险队，寻辟东北航线，并对西伯利亚和俄国太平洋沿岸进行远征考察。

具有超人胆识和能力的白令毫不犹豫地接受了这个使命，他立即着手组建一支探险队。

在1725—1741年长达17年的北方探险年代里，白令经受了种种磨难与考验，尝尽了人间的酸甜苦辣，最后含冤埋骨于凄凉诡秘的狐狸岛。

他的整个探险过程分为三大阶段。第一阶段自1725—1730年。1725年正月，白令率领探险队从彼得堡出发，经陆路穿越人烟稀少的西伯利亚到达沙俄疆域东端堪察加半岛。1728年春，探险队扬帆北上，顺利通过狭窄的白令海峡，驶入北冰洋。这时，整个洋面笼罩在烟雨和浓雾之中，远处只见白茫茫一片混沌，什么也看不见。在到达北纬67°18'线后，为防止航船被冻结在北冰洋上，白令决定返航。归途中，白令发现了阿拉斯加半岛以西的圣劳伦斯岛，但是由于漫天浓雾，使近在咫尺的北美大陆从他的眼皮底下溜走了。1729年9月他们返回堪察加半岛，按照沙皇的命令，白令对该半岛的东海岸进行了详细周密的考察，获得了十分丰富的宝贵资料。翌年夏天，白令携带着这些资料，率领他的考察船返回彼得堡。这次航行使白令相信北美大陆和亚欧大陆之间隔着一条水域。

然而这一发现并未给白令带来荣誉和幸福，相反迎接他的却是一连串的刁难质问。原来，当白令考察归来时，彼得大帝和继位的凯瑟琳一世都已相继去世，彼得大帝派白令重点考察新被俄国扩充的、数千千米的大西伯利亚却得不到新继位的彼得二世的承认。海军部的官员也极为轻视白令的考察，他们质问白令凭什么断定北美大陆和亚欧大陆为水域所隔开？彼得堡科学院里的一些想象力丰富的院士认为：在堪察加半岛外面应还有一大块他们称之为伽马大陆的陆地，并以此不切实际的空想作依据，质问白令为什么没有发现它。

种种压力铺天盖地而来，然而刚强的白令并没有屈服。他坚信自己的意见是正确的。为了证实自己的想法，为了科学事业，他紧紧地抓住沙皇对外扩张的野心和权臣们的私欲心理，提出一项庞大的北方探险计划，这包括：找到一条同日本进行贸易的海上航线；证实是否存在一条通向北美大陆的通道；取道勒拿河和鄂毕河打通到俄国北方的交通线；并绘制西伯利亚极北地区的海岸线；考察北美沿岸。

这项计划正如白令所料，它迎合了统治者的野心和私欲，很快就被批准了。为这次北极探险，进行了长达7年（1733—1740）的准备工作。

庞大的探险队伍分批从圣彼得堡出发，沙皇政府对这个丹麦籍的外国人很不信任，派人牵制白令。这些人在彼得堡过惯了安闲舒适的生活，一面对白令提出苛刻的衣食住行条件；一面白眼讥讽他缺乏科学的头脑和远见。为了顾全大局，白令将这一切置之度外。

在临近雅库次克这个荒凉的小村落的一段路上，探险队遇到很大困难。一路上，黑蝇嗡嗡扑面，咬得人无片刻安宁；四野苍茫，寒气逼人；大风呼叫，飞沙走石；沼泽满地，随时都有陷下去丢命的危险。

探险队经过长途跋涉，终于在雅库次克汇集休整。1738年夏，白令率领探险队继续东进，很快抵达西伯利亚沿海的鄂木次克。白令对两支探险队的人员作了调整，马丁·斯潘伯格率领一支探险队扬帆下海，去探索到日本的航线。白令则花了两年时间建造出两艘长达24米的木帆船：圣彼得号和圣保罗号。

1740年，两艘船下海，正式的海上探险揭开了序幕。茫茫大海上，阿利克赛·奇里科夫所率的圣保罗号迷失了方向。途中遇到很多危险。最后，奇里科夫在船员的强大压力下，被迫返航堪察加半岛的阿瓦查湾。

圣彼得号在白令的驾驭下，穿过浓雾，终于在1741年7月16日胜利驶到阿拉斯加海岸。直插云霄的圣厄来阿斯山银装素裹，在阳光照耀下，闪烁着万道光芒。所有的船员都激动万分地跑上甲板，欢呼雀跃。长期渴望的目的地终于到了。

可是，北美大陆北冰洋沿岸的探险考查并非一帆风顺。很多队员由于缺乏淡水滋补患坏血病脱水致死。后来，在当地土著居民的帮助下，探险队才渡过了淡水危机。9月份的返航很不凑巧，海上屡起狂风，有时雷电交加，大雨倾盆，令人望而生畏；有时海上波浪滔天，船就像一个小木板似地被浪涛上下抛掷着。意外发生了。一天晚上，圣彼得号被狂风巨浪卷到一个荒凉的礁石岛上，搁浅了。岛上阴风怒号，浊浪排空，沙石横飞，野狐悲鸣。身患坏血病的维图斯·白令躺在洞中，奄奄一息。冰凉的沙子盖住了他的大半个身子，他的伙伴们坚持帮他扒开身上的沙子，白令摇头拒绝，因为埋在沙里还是很暖和的。1741年12月8日晨，维图斯·白令，这位杰出的探险家，在荒凉的狐狸岛上默默地合上了疲惫的双眼。

白令的探险考察报告由幸存者瓦克塞尔带回彼得堡，但报告并未引起重视。几十年后，一些西欧科学家在俄国海军部档案袋里发掘出了白令的报告，人们才开始认识到白令领导的这次考察的真正价值和重大意义。他不仅开辟了一条从亚洲通向北美大陆的新航线，而且还绘制了俄国太平洋沿岸的部分地图。为后来者对这一地区的探索打下了很好的基础。英国著名航海家库克对白令的业绩给予了崇高的评价。人们为了纪念白令，把亚洲东北端和北美洲阿拉斯加之间的海峡称为白令海峡。

至此，两个世纪以来，人们梦寐以求的东北航线终于开辟出来了。白令的伟大业绩以及他的献身精神在人类探险史上写下了光辉的一页。

现在，自俄罗斯西北部的摩尔曼斯克港，沿着亚欧大陆北部边缘北冰洋海域向东，穿越白令海峡，至符拉迪沃斯托克港（海参崴），人们习惯上称之为北冰洋航线，全长1万千米。它大大缩短了亚洲东部和欧洲西部之间的海上航线。这条航线在军事上占有重要地位。

寻辟西北航线

在寻辟西北航线的探险史上，老牌殖民主义国家大英帝国独占鳌头。英国探险家谱写了惊天动地的探险篇章。

早在1576年，马丁·弗罗比舍就揭开了寻辟西北航线的帷幕。他重新发现了格陵兰岛，并登上北美大陆，北纬63°处的弗罗比舍海湾就是以他的名字命名的。弗罗比舍从美洲带回几块黑色的矿石，经过化验证明其中含有金。他立即在英格兰招募一批人前往北美采金。不幸途中遭遇一场大风暴，损失惨重，庞大的采金计划流产，弗罗比舍本人落得一贫如洗。

约翰·戴维斯在一些伦敦商人的资助下，从1585年开始连续3次抵达美洲。他首次将北美大陆和格陵兰岛区分开来。戴维斯探险的重要意义在于他精确地描绘了一些偏远地带的地理形态。

1609年，英国商人亨利·哈得逊发现了入海口在今天纽约的哈得逊河。次年他又发现了以他名字命名的哈得逊海峡和哈得逊湾。在哈得逊峡湾，探险船被浮冰困住，从此杳无音信。

资助哈得逊探险的是一位神秘的商人，他成立了"伦敦商人及西北航线探险家公司"。在这家公司的赞助下，威廉·巴芬怀着对探险事业的一片赤诚，第4次奔赴北冰洋。巴芬当时已蜚声世界，他在天文观测和地磁测量等领域作出了巨大贡献。

巴芬的此次航行探险取得了辉煌成果。他给许多地方起了地名，其中不少至今仍在沿用。巴芬发现了琼斯海峡和兰开斯特海峡，这两个海峡到了19世纪成为探险家进入北冰洋的必经之路，海峡西部就是著名的巴芬海峡。

1770年，塞缪尔·霍尔在印第安人首领马托尼巴的领航下，沿着铜矿河而下到达入海口，航途中他们发现了加拿大西北部的大奴湖。

大约在18年后，"西北公司"的著名探险家亚历山大·马更些再度出征。他顺着激流航至大奴湖；然后又沿着今天的马更些河挂帆直下，直至北冰洋。返回途中，马更些历尽千辛万苦，终于侥幸活着回到了当时设在阿萨斯卡的大本营。马更些的探险是历史上最伟大的陆地探险之一。

早期的探险并没有开辟出西北航线，但却使欧洲人对北极圈内的美洲有了个概括了解。1741年，白令海峡发现的消息传遍欧洲，寻辟西北航线的幻想火花在暗淡了将近一个世纪之后重新闪耀起来。然而此时，西北航线对18—19世纪的商业已不再有多大价值，寻辟西北航线完全是为了纯粹的科学目的。

积极倡导并首次开始北冰洋科学探险的是英国海军大臣约翰·巴罗爵士。他的过人胆略极大地推动了人类对北冰洋的认识过程。

1819年，威廉·爱德华·帕里受巴罗爵士派遣，率领赫克拉号与格里普号前往北极探险。帕里的这次探险极为成功。他的探险涉及的范围之广是探险史上罕见的，几乎包括了北冰洋中所有的岛屿，而且，帕里首次穿越了北磁极。

继帕里之后，约翰·罗斯于1829—1833年前往北极探险。罗斯首先到达并考察了北美大陆的最北端——布西亚半岛，并首次测出北磁极的精确位置：北纬70°05′，西经96°46′，位于布西亚半岛的西海岸。

在人迹罕至的加拿大比基岛上，巍然矗立着一座巨大的冰墓，令前来考察的探险家们肃然起敬，它向人们讲述着一个悲壮动人的故事。

这座冰墓是伟大的探险家约翰·富兰克林（1788—1847）所率领的探险队员们长眠北极之处。约翰·富兰克林生于1788年，14岁时便加入英国海军，很快便成为一名上等志愿兵。少年时代的富兰克林，非常爱听大人讲述那些充满惊险和传奇色彩的海上探险故事，为那些传奇式的英雄人物所倾倒。海上探险引起他的无比兴趣。在英国皇家海军服役的长期岁月里，除了训练和作战外，海上探险几乎是他唯一的爱好。

1818年，富兰克林参加了戴卫·巴肯中校的北极探险队，到达了北纬80°34'的北冰洋海面。

1819年，他和理查森博士的合作探险获得了极大的成功，他俩划着"哈得逊联合会"的一艘小船，沿着斯蒂尔河逆流而上，在两年多的时间里，他们行程9 000多千米，建立了4个观测点，获得许多重要发现。为此，富兰克林被选为皇家科学院院士，英国皇家海军授予他少校军衔。

富兰克林还曾徒步到达美洲大陆西经149°37'的海岸。为了表彰他的探险功绩，富兰克林被加封为英国皇家骑士，巴黎地理学会也授予他金质奖章。

富兰克林长达28年的探险生涯是探险史上最富有传奇色彩的一页。两次北极探险，使富兰克林积累了丰富的极地探险经验。1836年，当他得知英国皇家地理学会要求海军部组织一支探险队，对推测中的西北航线作一次最后的探索时，心情非常激动。他两次提交了申请，但都被拒绝。后来，经过种种艰难的努力，海军部终于批准了他的请求，富兰克林这时情不自禁地流下了热泪。他立即组织了一支约有130人规模的探险队。他率领着这支探险队于1845年5月26日驾黑暗号与恐怖号航船，第三次远征北冰洋。这次探险被称做是"富兰克林伟大的冒险"，不仅仅是因为这次探险意外地发现了梦寐以求的西北航线，更是因为富兰克林在这次伟大的探险中结束了他富于传奇色彩的探险生涯。

黑暗号与恐怖号沿着格陵兰岛西海岸行驶，再折向西行，穿越兰开斯特海峡一直西进。但此后再也没有这只航船的消息。人们满怀希望地期待着富兰克林探险队成功地回归，12个月过去了，两年过去了，留给人们的只是惆怅和失望。约翰·罗斯爵士率领第一支营救船队前去寻找富兰克林。罗斯和伙伴科奥波德·麦克林托克在茫茫冰原上展开了大范围的搜索，依然一无所获。

不祥之兆降临，富兰克林及其探险队失踪了！这个消息很快传遍世界，英国上下一片震惊。英国政府决定实施大规模的搜寻计划。但这项计划在实施中被1853—1856年的克里米亚战争打断，约翰·富兰克林爵士的名字被从英国海军名单中悄然勾去。

富兰克林的夫人沉浸在一片悲痛之中，她下决心要将丈夫的下落弄个水落石出。夫人以个人的名义组织了一支探险队。她坚贞不渝的精神深深地感动了英国海军部。海军部给她以大力的支持，派遣麦克林托克率领蒸汽船狐狸号去搜寻富兰克林探险队的踪迹。

在富兰克林失踪之后12年，这支不寻常的探险队出发了。经过艰难的探索，于1859年5月搜寻队在威廉王岛终于从一堆圆锥形石堆内发现一个重新封了口的马口铁罐头。撬开一看，竟是富兰克林探险队的遗物，其中有一艘废弃的船，里面有两副人骨架，在船的外面还找到了一副趴在地面上的骨架。这些证实了当地一个爱斯基摩妇女讲的故事，她说她看到一些人艰难地行走，其中的几个一边走一边就倒在了雪地上。

麦克林托克经过艰苦的探索和科学的分析，终于解开了富兰克林之谜：

在穿越威廉王岛以北的海域时，富兰克林的探险船被浮冰牢牢地冻结在海里，陷入了茫茫冰海的困境中。

一天深夜，暴风狂吼，坚硬的冰块拥挤撞击纷纷破裂，船身被浮冰挤成了碎片，高高的桅杆横躺在冰上一动不动。

在这样的荒寒世界里，人们毫无办法，只好把余粮和用具装上舢板，从碎冰之间用人力把舢板向岸边曳去。白天，他们要拖着舢板艰难地行进，晚上他们就躲在舢板下过夜。日复一日，粮食渐渐吃光了，寒冷和饥饿夺去了一个又一个年轻的生命。约翰·富兰克林也于1847年6月11日与世长辞。黑暗号和恐怖号在暴风的推动下，又向西漂流了几十千米，来到维多利亚海峡，接替富兰克林的弗朗西斯·克罗泽船长在极度失望中和余下的百名船员放弃了黑暗号和恐怖号。残酷无情的冰雪终于埋葬了富兰克林和他的全体探险队员。

麦克林托克在最后一次搜索中发现了几百千米的新海岸线，他猛然意识到实际的西北航线就在布西亚半岛与威廉王岛之间。事实上，在克罗泽船长弃船的维多利亚海峡，就能看到迪斯海峡的入口，通过这条海峡，可以沿着一条笔直的航线到达白令海峡，然后进入太平洋。探险队在一次偶然之中发现了无数次探险家为之奋斗了300年的西北航线。

富兰克林的英雄行为和科学献身精神永放光芒！

　　第一个打通西北航线的人是挪威两极探险家阿蒙森。他在1903—1906年，乘着一艘"约阿"号旧船，自挪威出发向西航行。穿过大西洋沿格陵兰岛西海岸向北，经巴芬湾，越兰开斯特海峡，绕过威廉岛，沿维多利亚南岸西进，驶进阿蒙森湾，穿越白令海峡，到达美国西部太平洋沿岸的旧金山。至此，西北航线完全开通。但是，由于这条航线上岛屿、海峡、浮冰、冰山众多，给航行造成巨大困难。因此，西北航线的定期航行至今仍未能实现。

向北延伸

继白令开辟东北航线以后，欧洲又相继涌现了许多前往北极的探险者。1770—1773年，雅库茨克商人及渔猎手伊凡·利亚霍夫（Ivan liakov）为寻找猛犸骨，来到后来以他的名字命名的大利亚霍夫岛和小利亚霍夫岛。这里是古代猛犸的"墓地"，有许多猛犸骨。随后不久，伊凡又发现了新西伯利亚群岛中最大的一个岛屿——科捷利内岛。

1765年，沙皇政府派遣海军军官契卡哥夫（V.ya. chkagov）率领一支探险队两次从科拉河出发，在斯匹次卑尔根岛的两边穿过格陵兰海到达北纬80°26′的海区，由于受冰块的阻挡，只好折返。在此之前，还没有一艘船在北极地区到达过这样的高纬度线。

1806年5月，苏格兰人老威廉·斯科斯比和他17岁的儿子小威廉·斯科斯比为追逐鲸群，穿过北纬76°—80°地区，来到斯匹次卑尔根群岛西北的北纬81°30'海区，创造往北航行到达高纬度线的新纪录。1817—1822年，父子俩考察了东北沿海一带。1823年斯科斯比出版了《北部猎鲸区的旅行日记》，这是地理学经典著作之一。这部书断言：北极周围是一层很厚的冰雪，只有乘雪橇才能到达北极点。

1827年6月，英国的威廉·帕里、詹姆士·罗斯和弗伦西斯·克洛泽耶分乘两架雪橇船从斯匹次卑尔根岛出发，穿过冰山群，到达北纬82°45'以北地区，刷新了向北探险最远的世界纪录。

1852年，英国人爱德华·英格尔菲尔德为了寻找失踪的英国探险家富兰克林，探查了巴芬湾北部和史密斯海峡。次年，美国人凯因（Elis lla kentkdne）也来到这个海区，进行考查，后来这个海区被命名为凯因海。

1871年，奥地利军官尤留斯·派耶尔和多尔·瓦伊普雷赫特率领的探险队所乘的"捷列特霍夫"号船被冻结在新地岛西北海面上，随冰漂流达1年之久。1873年，他们发现了一片石头山地，命名为法兰士约瑟夫地。

1875年，英国人乔治·斯特朗·纳尔斯率领的探险队航行到北纬82°24'的海域，创造了乘船向北极接近的新纪录。在过冬期间，探险队考察了埃尔斯米尔岛北部近300千米长的海岸线及格陵兰北部和附近一些岛屿。第二年，细尔派阿尔贝尔特·格斯丁格斯·马尔盖姆率领一支探险队乘雪橇一直行到北纬83°20′的地方。

1876年春天，英国海军中校阿尔伯特·马克海姆率领探险队到达了北纬83°23′。在一片冰冻的海域，探险队员硬是拖着笨重的轮船翻过了一座座冰丘。

在探险家们雄心勃勃征服北极的同时，各界有识之士对极地探索的科学性表示了极大的关注，第一个国际极地年（1882—1883）应运诞生了。这一年，很多国家同时派出探险队在北冰洋不同的地区进行观测。从此，北极探险成为一项国际竞赛。

在北极众多的探险家中，我们应该重点记述挪威著名的海洋学家、探险家南森（F'ridtjof Nansen，1861—1930）。南森诞生在挪威首都奥斯陆附近。在求学时代，南森对人们争论不休的北极之谜产生了浓厚的兴趣。大学毕业后，他来到一家自然博物馆工作。在那里，南森广泛研究了有关北极的资料，初步断定北极是海洋而不是陆地，而且有一股强大的自东西伯利亚沿岸流向格陵兰东部海域的洋流。为了验证这个推断，南森决定组织一支探险队前往北极去证实。成功从来都不是侥幸得来的。南森首先开始了爬冰卧雪的意志和毅力上的磨炼。

1888年7月，他乘坐雪橇成功地横跨整个格陵兰岛，这在当时尚属首次。

此次探险的成功，大大地增强了南森进行北极探险的信心和勇气。他决定将长期酝酿的计划付诸实施。南森创造性地提出利用北极洋流为探险服务。为此，他亲自设计了一只底部半圆形，形状像半个鸡蛋似的船。这种外形的船，可以抵抗住浮冰冻结时产生的强大压力，当船体受到浮冰挤压时，船就会被挤到冰面上，而不致破碎。南森将这只船命名为"弗拉姆"号（挪威语是前进的意思）。

1893年6月24日，"弗拉姆"号从奥斯陆扬帆起航，向北极进发。一路上，队员们与暴风雪为伍，与黑暗为伴，引吭高歌，笑傲茫茫冰海雪原。9月底，"弗拉姆"号驶到新西伯利亚群岛以西的海面，受到冰块挤压，正如南森所想，冰块把船体平平稳稳地托起来，船体完好无损。

队员们在"弗拉姆"号上，迎来了1893年的圣诞节。1895年3月，当"弗拉姆"号漂流到距离北极点只有500千米的时候，再也不能向前航进了。

南森和助手约翰逊弃船登冰，徒步向北极点进发。前进的道路极其艰难。犬牙交错的巨大冰块，时常横在眼前，需要花费很大力气才能通过。随着天气转暖，海上的浮冰不断地"嘎嘎"碎裂，征途更加危险。迫不得已，两人在到达北纬86°14'处后，悻悻地踏上归途。

1896年8月，在英国探险队的帮助下，南森和约翰逊回到了阔别3年多的故乡。后来，"弗拉姆"号也冲出重围，回到挪威。船员们经历了整整三年零三个月的漂流生活之后，全部安全返回了。

"弗拉姆"号的这次远征虽然未能实现到达北极极点的夙愿，但是却创造了深入极区最远的新纪录，而且，"弗拉姆"号的船员，还曾对北冰洋先后进行了11次水深测量，做了大量关于北冰洋的洋流、海水温度变化、冰块漂流与风向关系等项观察纪录。更正了不少过去对北极的不正确看法。

挪威人对这项探险工作感到万分自豪。他们把"弗拉姆"号陈列在卑尔根博物馆内，供后人瞻仰。

南森本人因为领导这次探险，而成为世界上第一个证实北极不是陆地而是海洋的人，第一个验证北冰洋存在着由东向西流动的极地海流的人。后来，南森又和伙伴奥托·斯维德普鲁船长再次合作，完成了第二次和第三次北极探险。由于多方面的卓越贡献，南森在1888年获得诺贝尔和平奖。直到1930年去世前夕，他还始终关注着海洋科学研究的发展。

星条旗飘扬在北极点上

1909年4月6日，是个特殊的日子。美利坚合众国的星条旗在神秘的北极上空猎猎招展。星条旗下，6个男子汉仰首凝视。其中，一位年过半百的老人眼含热泪，无限感慨地说：

"北极终于拿下来了。300年人们追求的目标，我20年中的梦想，这个巨奖终于是我的了！"

这位英雄就是美国北极探险家罗伯特·埃迪湾·皮尔里（Robert E.Peary）。为了实现"到达北极"这一毕生宏愿，在长达23年的奋斗历程里，他呕心沥血，出生入死，先后8次奔赴北极。前7次都未能如愿，但他仍坚持不懈，终于迎来了本篇开头的激动人心的那一幕。

皮尔里在美国的一支海军里任土木工程师，他的军衔是中校。他认真总结前人和自己的探险经验教训，认为到北极去的最好季节应是冬季而不是夏季。因为，夏季冰面融化，道路凹凸不平，浮冰甚多，行进非常困难。冬季情况则大不相同，零下几十度的严寒使冰面坚硬、光滑，冰窟窿和冰间流水少，大面积的冰层覆盖于海面上，这对乘雪橇或徒步去北极，反倒十分有利。皮尔里以战略家的眼光把埃尔斯米尔岛作为向北极进发的军事基地，而格陵兰岛则成为他练习滑雪和磨炼意志的训练场。他以平等的态度同当地的爱斯基摩人和睦相处，虚心地向他们请教狗拉雪橇及穿着保暖衣服的本领。后来，这些爱斯基摩人帮了皮尔里大忙。

多次的失败教训使皮尔里认识到要想征服北极只有一个办法：建造一只能够穿越罗伯逊海峡的巨型木制轮船。穿越罗伯逊海峡后，到北极的距离就不足800千米了。为此，他精心设计了一艘大木船，他亲爱的妻子将这艘船命名为"罗斯福"号，后来的事实证明这艘探险船的确是有史以来最出色的。

1908年，伤痕累累的皮尔里驾着"罗斯福"号从纽约港出发了。舆论界一片喧哗，人们普遍认为皮尔里的第8次失败将再一次证明用狗拉雪橇到北极是不可能的。尽管如此，人们仍然相信，如果有人能够征服北极的话，凭着他丰富的北极探险经验和卓越的组织才能，皮尔里将是第一人。

这一次，皮尔里扩充并改进了他在1906年发明的给养系统，每支给养小分队间的距离缩短，以减少浮冰融化后将物资运输线切断的可能性。同时，探险队不断地将负责给养的队员派回，以增加灵活性和战斗力。另外，皮尔里选择埃尔斯米尔岛北端的哥伦比亚角作为向北极点进军的基地，在那里设置许多贮藏点，储备了大量的雪橇、爱斯基摩狗和食物。

一切准备就绪。皮尔里将24人组成的探险队进行编制，分成6个组。5个组是支援队，负责在前面开路，修屋，标记，运送物资。一个组是主力队，由皮尔里和他的黑人助手汉森（Mathew Hensen）及4个爱斯基摩人组成，他的任务只有一个：到达北极点。

1909年2月22日，皮尔里率领这支精锐的探险队，离开基地，向北进发了。

寒风萧萧，大雪飘飘，冰丘林立，但是所有的困难在这批勇士的眼里都成了家常便饭。遇到高大的冰障，他们就用鹤嘴锄在陡峭的冰上凿出小道，勇敢地爬上去。遇到冰间小路，他们就把冰块当做冰筏子，小心翼翼地渡过去。

一天夜晚，正当皮尔里钻进帐篷准备睡觉时，突然外面传来一片喧哗声。他连忙冲出帐篷。原来，离基地不远的地方裂开了一条巨大的冰缝，几只狗已被掩埋在碎冰块之中，这条裂缝把给养队的宿营地和冰原分割开来，给养队随着洋流和海风在附近漂来漂去，最后终于一点一点地漂了回来，一场虚惊过去了。

极地的夜晚很惊险，也很美丽，可谓如诗如画：幽邃的天空悬着一弯新月，下面是一望无际的白茫茫的冰地，反射着冷冷的月辉。寒星诡秘地眨着眼睛，瑰丽的极光带醉酒似地飘来荡去。远处偶尔传来清脆的冰块破裂声。酣眠的北极熊，竖起耳朵，机警地环视四周。人们默默地行进着，脚底下发出"嘎吱嘎吱"的响声。

日子一天一天地过去，离北极点的目标也愈来愈迫近了。到了4月1日，离极点只剩下214千米。主力队员群情振奋，迸发出极度的热情，以每天40千米的速度向北极点作最后的冲刺。以往，为了解决可能出现的问题，皮尔里总是走在队伍的最后面。现在为了节省宝贵的精力和争取时间，他一反常态，跑到了队伍的最前端。

4月6日上午10时，主力队突破北纬89°57'，稍微休息，便向北极点挺进。皮尔里经过几十次对太阳的测量，终于确定了北极点的位置。在一片欢呼声中，皮尔里把他妻子亲手制作的一面美国国旗插在北极点上。

冰下航行

在茫茫的北冰洋上行船，最令人头疼的是那厚厚的冰层和漂浮不定的冰山。长期以来，人们一直在思考着这样一个问题：能不能制造出一种破冰前进的船呢？

这种船后来终于制造出来了，它就是盛极一时的破冰船。船身由坚硬的钢板制成，沉重的船首高高翘起，把阻拦它的冰山压垮，在冰层上开出一条水路来。1914—1915年，俄国航海家维利茨基就曾率领"泰梅尔"号和"瓦加奇"号破冰船，从俄国东北部的符拉迪沃斯托克向北，穿过白令海峡，再向西沿着亚洲北部的北冰洋海域抵达阿尔汉格尔斯克，第一次成功地打通了北极东北航道。

然而，破冰船这种"硬闯"的办法显得并不高明，一来破冰船力量有限，二来航速缓慢，并且也只能在6月到8

月间才能在北冰洋上通航。

科学技术的飞速发展使人们自然而然地想到了另一个问题：能不能在冰下航行呢？

19世纪，法国著名的科幻小说家儒勒·凡尔纳在其名著《海底万里行》里，虚构了一艘海底科学考察船鹦鹉螺号。凡尔纳的幻想在第一次世界大战中成为现实，德国人首先制造出了第一艘潜水艇。1931年，美国探险家休伯特·威尔肯斯爵士大胆地提出利用潜艇探险北极的计划，遗憾的是这项计划由于种种困难始终未能实现。休伯特爵士的鹦鹉螺号潜艇也孤寂地躺在卑尔根港湾的沙滩上，但正是这艘鹦鹉螺号激发了后人去研制新型的潜艇。

第二次世界大战后，物理学家沃尔多·莱昂博士和麦克韦西中尉合作研究，他俩改进了潜艇上的回声装置，并在水下进行了一系列的实验。这些实验使专家们开始考虑用核动力潜艇的可能性，美国"核潜艇之父"海曼·乔治·里科弗将这种可能性变为现实。

1955年1月17日晨，阳光灿烂。美国康涅狄格州格罗顿的电船分公司的船厂码头上，人群沸腾。世界上第一艘核潜艇首航仪式在这里揭幕。这艘核潜艇名为鹦鹉螺号（SSN－571），由美国总统艾森豪威尔的夫人亲自命名。

鹦鹉螺号核潜艇首航获得圆满成功，由此它开辟了核动力航行的新纪元。在鹦鹉螺号问世不久，第2艘、第3艘核潜艇海狼号与鳐鱼号也相继问世。

鹦鹉螺号自问世以后，至1957年2月，遨游大海20万千米，访问了美洲、欧洲及加勒比海的数十个港口，成为举世瞩目的新星。这颗新星的成功航程证明冰下航行比冰上航行具有更大的优越性：不受气候、季节、风浪、浮冰的影响，航行平稳；而且水下航行阻力小，航速快，节省燃料。在威廉·安德森艇长的指挥下，鹦鹉螺号于1957年8月成功地完成横穿北极，跨越太平洋和大西洋的冰下航行。艾森豪威尔总统亲自把这一消息公布于世，当时"整个世界都为之震惊"。

美国第3艘核潜艇鳐鱼号也不甘示弱，詹姆斯·卡尔弗特艇长驾着装有极其先进的内导航系统的鳐鱼号于1957年8月11日潜至北极。1959年3月3日，载着秘密艰巨任务的鳐鱼号再度起航，飞速驶向卡尔·福尔王子岛，从那里潜入北极冰原之下。到达北极点后，鳐鱼号上浮，破冰钻出海面，船员们为休伯特·威尔肯斯爵士举行了隆重的北极葬礼。休伯特爵士于1959年2月辞世，遗嘱要求鳐鱼号把他的骨灰带到北极，在那里撒入大海。

鳐鱼号在胜利返航后，里科弗将军向卡尔弗特赠送了一个青铜镇纸（压纸的工具），上面镌刻着他的赠言："万能的上帝，大海是那么宏伟，而我们的船却是如此的渺小。"

空中使者

本世纪初，神秘的北极上空频频出现一批批空中使者：气球、飞艇、飞机。它们肩负着一个共同的神圣使命：科学考察。

这批空中使者遇到的最大难题是极地上空变幻莫测的风云。在极地上空飞行，随时都有遇上暴风雪袭击的危险，强大的气流常常使飞行物上下颠簸，甚至坠落或爆炸。轰动全世界的"意大利"飞艇失事事件就是一个典型的例子。1928年5月初，意大利人乌姆皮托·诺彼勒乘坐自己亲手设计的"意大利"号半金属飞艇，从孔格斯峡湾起飞，前往北极点上空，在飞向斯匹次卑尔根岛的返航途中，飞艇受到强大的气流撞击漏气而堕，14个探险队员中，有6人失踪，其余的8人在苏联"克拉辛"号破冰船的大规模搜寻下才得以获救。

尽管北极上空险关重重，但是它却阻挡不了人类征服世界的雄心壮志。再次尝试北极空中探险的人是3名瑞典探险家：S.A·安德烈、N·斯特林贝里和K·弗伦克尔。他们于1897年6月11日驾乘一只大热气球，从斯匹次卑尔根岛北部的一个小岛上起飞，试图飞抵北极。但他们却一去不复返。1930年，一位挪威商人的探险队在怀特岛上意外地发现了安德烈等人的尸骨、遗物和日记。

北极空中探险的两次尝试就这样被无情地扼杀在摇篮之中。20世纪初，人类再次燃起飞越北极的雄心烈火。在西欧，首次提出使用飞机对北极进行探险的是挪威著名的两极探险家阿蒙森（Rould.Amundsen）。1926年5月11日，阿蒙森偕同美国一年轻富豪林肯·埃尔斯沃思（Lincoln Ellswooth）和飞艇的设计师兼驾驶员乌姆皮脱·诺彼勒乘坐"挪威"号飞艇，自孔格斯峡湾起飞，沿东经11°向北飞行，穿越北极点，再向西沿西经160°线飞行，最后到达阿拉斯加巴罗角的特勒村。这次飞行全程4 000多千米，前后只用了72小时，首创了从欧洲飞越北极到达北美的纪录。就在阿蒙森乘"挪威"号飞艇起飞前一天，即1926年5月9日，美国军官理查德·伯德驾驶飞机从斯匹次卑尔根岛起飞，最后抵达北极点。伯德本人成为世界上首次乘飞机抵达北极点的人。

这样一来，美利坚合众国在征服北极点上奇迹般地创造了3项世界第一：1909年4月，皮尔里首次将星条旗插在北极点上；1926年5月，理查德·伯德首次乘飞机飞越北极点；1957年8月，威廉·安德森乘核动力舰艇首次从冰下穿越北极点。

美利坚合众国的辉煌成就使苏联的探险家们跃跃欲试。1937年5月初，苏联飞行员哥洛文驾驶H—170号载重飞机首次飞越北极上空，并于该年5月21日成功地降落在北纬80°26′，西经78°，面积约4平方千米的一块浮冰上，就在这块浮冰上诞生了苏联第一个"北极—1号"漂流站。

1937年8月初，契卡洛夫（Chkalov），拜杜科夫（Baidakov）和别里雅科夫（Beliakov）乘"切留斯金"号飞机首次开辟自莫斯科穿越北极点，抵达美国哥伦比亚的空中航线。1957年，第一条经北极上空的国际空中航线通航。从日本东京到丹麦首都哥本哈根的航程，由原来的15 600千米，一下子被缩短到12 900多千米。万物之灵的人类再一次显示出了他的卓越智慧。

北极航空线的开通，使欧洲和远东联系更为便捷，现在，这条线上飞机穿梭，好不热闹。

在征服北极的历史上，人类又迈出了一大步。

北极村童话

从北极圈往北至北极点，这一约占1/3个北半球的广阔区域，称之为北极村。北极村静静地躺在地球的北部，演绎着一个个梦幻般的童话……

瑰丽的北极光是北极村的一大奇观。每当夜幕降临，极地上空绚丽多姿的极光便异彩纷呈，竞相媲美，构成了一台多彩的灯火晚会。它们忽而是朦朦胧胧的微弱绿光；忽而是明亮的红色光弧；有时又像激光舞台上的射线在晃动闪耀；有时又如光柱划破天空；有时忽然天空中飘浮着一条明亮的光带，光带扶摇飘动，仿佛空中有位仙女正拿着巨大的彩绸轻歌曼舞；有时会在天顶上闪现黎明的曙光，温柔的光辉弥漫着整个天空，给天空蒙上了一层淡淡的浅紫色轻纱，透过轻纱还可以看到星星在调皮地眨着眼睛。

极光现象是人们唯一能用肉眼看到的高能物理现象。目前普遍认为，极光是由太阳上喷发出的高能带电粒子流在地磁场磁力线的引导下进入地球高层大气，并与那里的原子和分子相互碰撞而产生的一种发光现象。它的出现频率和强弱与太阳黑子的活动周期有着密切的关系。

北极光固然神异，北极"冻土带"也不失奇特。环绕北冰洋的大片陆地和北冰洋上的某些没有被冰川覆盖的岛屿，因为气候严寒，上层冻结很深，常年不化，所以，人们都称它是永久冻土带。永久冻土带南北宽600多千米，总面积大致是1 300万平方千米。

在永久冻土带里，冻土层深度最深可达500米。冻土层顶部有一个"冻融层"，"冬季"封冻，"夏季"解融。由于水在凝结成冰时，体积要膨胀，结果在土层的封闭孔隙内产生巨大的向上压力，顶起表层土，形成奇异的水山和石环景观。从地下冒出的泉水，在土堆顶上冒出来，形成美丽的"水山"风景。经年累月，土堆不断增高，有的水山甚至高出地面百米。

覆盖在地表的石块在土堆隆起过程中不断地被推向四周，慢慢地形成一个个石环。有的石环近于圆形，有的为六边形，有的近似四边形。一些低洼地带，石环成群，组成多边形网格。网格内的融雪水，因下部土层冻结，不能渗透到底下，结果每个网格都成了一个小蓄水池。被网格状石环隔开的这一个个小蓄水池，看上去就仿佛是海滩盐场上人工挖出的晒盐池。

从奇特的冻土带往北行走，直至它的边缘，被探险家们称为"魔海"的北冰洋豁然横于眼前。北冰洋上有大量的被人们称为沉船祸首的冰山。这些冰山，形状奇特，千姿百态，有的尖削陡峭，峥嵘突兀；有的宛如平台，洁白耀眼。夏季，大洋上万顷碧波，浪花飞溅，显得格外好看，真称得上是碧海玉山。

在人们的脑海里，往往把北极村想象成万里冰封、荒凉萧瑟的不毛之地。其实不然，在这个村落里，生命活动也很活跃。北极村在植被划分上属苔原带。冰凉的海水里生活着具有极强的耐寒、抗寒能力的单细胞藻类植物。不同颜色的藻类，往往使海水呈现出多种颜色。岩石和地表上长着地衣、苔藓等低等植物，它们往往会把冰雪映成黑色或绿色。每逢夏季，苔原带的植物生机勃勃，呈现出一派百花争妍的壮丽景象。苔原带生长着某些品种的天然植物，可供人们食用。例如丹麦人喜欢把一种石兰科的浆果制成蜜饯食用，而北极地区的爱斯基摩人则是把这种浆果加些鲸油之后直接食用。苔原带里的果实因为受短促的生长期里突然降温的影响，很难完全成熟，但是北极圈内的极昼却无私地恩赐了充足的光照。现在，北极圈内的某些国家已经开始利用这一有利条件发展暖房生产，种植粮食、蔬菜，效果很好。

生活在北极村里的动物有海鸟、鲸、海豹、海象、驯鹿、北极狐、北极熊……这些动物有个共同的特征：四肢和一些外部器官如耳朵、鼻子等都变得很小。这是因为身体突出部分越小，散发热量越少。

北极村生活着的某些动物有在体内保持两种不同体温的独特生理机能。这些动物四肢末端的温度，比体内温度要低得多。原来，这些动物向四肢输送血液的动脉血管和把血液送回心脏的静脉血管，是巧妙地缠在一起的。这样一来，从心脏输出的热血，逐渐被静脉血管所冷却。同样，通过静脉血管送回心脏的冷血，也会逐渐被动脉血管加热，血液流回心脏时，心脏不会受到从四肢流回来的冷血的寒冷刺激。生活在北冰洋海域的鱼类血液中产生一种叫做络合防冻多肽的蛋白质，可降低鱼体内血液的冰点，使鱼得以在冰凉的水中，依然游动自如。

现代化科学技术的发展，使北极洗去了蒙受几百年"不毛之地"的沉冤，人们惊讶地发现北极村竟然是个冰雪覆盖下储藏着丰富矿产资源的巨大宝库。

石油和天然气是北极地区重要的矿产资源。20世纪60年代末，美国在阿拉斯加北冰洋海岸发现了美国当时最大的油田——普拉德霍湾油田。为开发这个大油田，美国建成了一条横贯阿拉斯加南北的输油管道。这条输油管蜿蜒在崇山峻岭间，总长度1 300多千米。继美国发现普拉德霍湾油田之后，苏联紧接着又发现了著名的秋明油田，该油田石油和天然气的储量远远地超过了普拉德霍湾油田。

除了石油和天然气之外，在北极地区还蕴藏着丰富的煤、铁、铀、铜、锌等矿产。格陵兰首府戈德霍普东北部发现的一处铁矿，蕴藏量为2 000亿吨，是世界上少有的优质大铁矿之一，含铁量为38%。格陵兰南部克瓦内菲西阿山发现的一个大铀矿，蕴藏量为20万吨，每吨矿石含铀约300克。

……

充满着童话般色彩的北极村，在人类面前，慢慢地揭去神秘的面纱，将一个个童话变成一个又一个现实。沉睡万年的北极热闹起来了！

北极村重要的地理位置，异常丰富的水产资源、矿产资源，吸引着人们去开发和利用。随着北极航线的开辟，北冰洋沿岸相继兴起一批港口城市：摩尔曼斯克、阿尔汉格尔斯克、迪克逊、提克西、特隆赫姆、哈默菲斯特……

　　除了北冰洋沿岸的港口城市外，伴随着自然资源的系统开发，北极地区新兴的城市如雨后春笋般纷纷出现，据不完全统计，目前北极圈以北地区各个国家的大小城镇，总共有二百多个。

　　北极地区新兴城市的迅速发展带来了一系列的诸如人口、资源、环境等问题，这些问题又促使人们去不断地探索、研究。

撩开南极神秘的面纱

人类从想象、寻找、发现，到考察南极，经历了2000多年的漫长历程。这一历程，大体上可以分为四个阶段：19世纪以前时期——无畏的发现阶段；从19世纪到20世纪20年代——探险的英雄阶段、航空探险阶段、科学考察阶段。

"南极"一词指的是整个南极地区，它包括南大洋和整个南极洲在内。更确切地说，"南极"指的是南极辐合带（南纬55°—60°）以南的广阔区域。总面积为5 200万平方千米。

公元前6世纪古希腊哲学家毕达哥拉斯天才地提出地球是圆形的理论学说后，古希腊人根据自己对对称美的爱好，想象南半球也一定存在着一块大陆，以便与北半球的大陆相对称。公元2世纪时，著名的地理学家托勒密在绘制第一张假想的南半球大陆图时，称这块大陆为"未发现地"。这块大陆把非洲大陆与马来半岛联结起来，从而使印度洋成为一个封闭海。这种想象直到15世纪才被"新航路"的开辟推翻。

开始于15世纪晚期的轰轰烈烈的"文艺复兴"将人类历史推进到了最伟大的地理考察时代。在这个年代里，世界上已知面积增加了将近1倍。1538年，地图学家麦卡托在其绘制的世界地图上，将"未发现地"的范围作了修改，并重新命名为"南方大陆"。

首发于英国的工业革命使西方殖民主义者对这块未知的"南方大陆"产生了浓厚的兴趣。他们将这块大陆想象成"人间乐园"，鼓吹那里有着富饶的土地和勤劳幸福的人民。

在这种强烈的经济动机驱动下，从18世纪开始，西方世界掀起了一股寻找"南方大陆"的热潮。

各国的航海家和探险家满怀着豪情壮志，纷纷乘船破浪，越过南极圈，来到"地球的底部"，寻找地球上这最后一块大陆。他们用自己的青春、热血和生命谱写了一部部惊天地、泣鬼神的探险篇章。当历史的时针悄然划过公元1911年12月14日时，人类梦寐以求的南极点上飘扬起第一面挪威国旗，它标志着人类的智慧之剑终于插向了这块神秘的处女地的心脏。这把智慧之剑克服重重困难，胜利地迎来了伟大的国际地球物理年（1957—1958）。就在这一年里，有12个国家先后派遣了上万名科学工作者，探索"南极"这块被称为"白色的大陆"。据记载，在国际地球物理年所取得的成就之中，南极科学考察和发现，仅次于空间计划，居于第2位。国际地球物理年的活动被美国国家委员会执行主席休·奥迪肖称为"人类历史的和平时期最为壮观的活动"，它开辟了对南极的科学考察时代，从此，地球的南极终彻底撕去与世隔绝的神秘面纱，以最大的天然实验室的姿态亭亭玉立在世界上。

库克的一盆冷水

詹姆斯·库克（James Cook，1728—1779），英国著名的航海家和卓越的海图绘制家，世界上杰出的南极探险先驱。

他的短暂光辉的一生有2/3时间都是在茫茫的大海上度过的。早在青年时期，他就在一艘运煤船上工作，后来他又在英国皇家海军服役（1756—1763），在此期间，他以其顽强的意志和坚韧的秉性对北美大陆北部和东部海岸进行了一系列的科学考察，并绘制了详细的海岸线图。

库克的精明能干深为野心勃勃的大英帝国政府所赏识。当时，随着工业革命的兴起，西欧殖民主义列强掀起了一股寻找未知的"南方大陆"的热潮。他们憧憬着这个

"幸福之岛"可能会给他们增添无穷无尽的财富。1767年发现了塔希提岛的沃利斯探险队宣称，他们曾在南太平洋的落日余晖中望见过"南方大陆"的群山，并且对这些群山进行了一番如诗如画的描绘。紧接着英国极负盛名的空想探险家亚历山大·达尔林普尔主观计算出"南方大陆"的人口约为5 000万。整个欧洲为之震动。为了赶在别国之前抢先发现并占领这块大陆，大英帝国立即选派库克出征这个"南方大陆"。

1768年8月25日，詹姆斯·库克乘坐重达386吨的"努力号"旧运煤船，从英国起航了。在1768—1775年这长达8年的时间里，库克先后两次奉命作环南极探险航行。尤其是在第2次（1772—1775）环南极航行中，他先后3次出生入死，驾驶重达462吨的"果敢"号帆船，冲破了风暴的阻挠和浮冰的封锁，闯入南极圈。并于1774年1月29日驶入南纬71°10'的海域（这一海域后来被命名为阿蒙森海），距离南极海岸只有277千米，然而巍巍冰障却阻断了"果敢"号航程，使它再也不能前进一步。库克由此失去了发现"南方大陆"的机会。

库克在归途中说："我不能说没有再向南前进的可能，但是这种尝试是莽撞的，冒险的，是任何人处于我的地位也不敢贸然去干的。我同船上大多数人都认为，坚冰一直伸展到南极，也许连接着一块什么土地，但是，即使有这么一块土地，它也只能是全部被冰层所覆盖，而决不能成为禽鸟或其他动物的良好栖身之所。虽然我的目标不仅是要越过前人所到过的地方，而且是想到达凡是人所能到达的地方。然而我并不惋惜，这次遭遇到障碍……南极大陆的探索就此暂告结束，尽管这个大陆是200年来始终吸引着一些海上列强的注视，并一直是地理学家最喜欢讨论的对象。"

库克虽然未找到"南方大陆"，但是英国人民还是把他当做不可多得的英雄。航行归来后，他以海军上校的军衔领取年金，退居格林尼治医院。库克一边闲居，一边着手写他的回忆录。他在《南极与环球之行》一书中写道：

我在高纬度绕过南半球海洋，完成了这次航行，并因而绝对否认那里存在陆地的可能性，即使陆地可能被发现，那也只是临近极地的、无法到达的地方。

库克在决定放弃继续南进的一份航行报告中曾表示："如果有人在解决这一问题上表现坚决顽强，深入到南方比我更远的地方。我将不妒忌他的发现与光荣。但是必须说明一下，他的发现是不会给世界带来丝毫利益的。"

库克的这些结论对于那些急于想发现"幸福之岛"的探险家们，无疑是当头泼下的一盘刺骨的冷水。此后将近半个世纪里，在通往南极的海路上，竟然帆影杳然，世界殖民者的热情一下子降到零点。

尽管库克的这些结论在我们今天看来未免显得过于草率和武断，但是他的英雄业绩永不磨灭。他的最大功绩在于：证实了南方未知大陆并非"幸福之岛"，而是一块非常寒冷的荒凉之地。库克的这次航海还给世界地图增加了8 046千米的海岸线，这个成绩是极其辉煌的。

库克真正称得上是一位杰出的航海家。在距今200多年前，驾驶设备简陋的帆船长期漂泊在变幻莫测的南大洋上，并且三穿南极圈，这不能不说是世界航海史上的一个奇迹。现在的人们知道，前往南极大陆有两道致命的危险关口。第一道险关是南极辐合带（南纬55°—60°）。那里终年西风咆哮，风力常在8级以上。北上的冷水团和南下的暖水团也在那里相遇混合，涌起滔天巨浪。在暴风的驱动下，浪峰有时高20多米。

第二道险关是浮冰区。在南纬62°以南的海面，到处可见巨大的冰山和海冰。在暴风和海流的驱动下，它们游离不定，或聚或散。大冰山漂浮过来，会把船挤得粉身碎骨。1981年12月，一艘联邦德国的巨轮就是在这里被挤破后沉没的。

谁最先发现南极大陆

库克的消极结论并不能遏制资本主义扩张领土的殖民意识，尤其是侵略成性的沙皇俄国，由于向西伯利亚的进军取得了巨大的成功，它对于远洋航行和探险事业表现出了空前的兴趣。截至19世纪上半叶，俄国海军已经先后从事了将近40次环球航行，通过环球探险和海洋研究把触角伸向了世界各地。同时，把发现"南方大陆"定为野心勃勃的"远大目标"。

1819年7月16日，在俄罗斯圣彼得堡西面30千米处的芬兰湾圣彼得岛上，正举行壮观的送航仪式。由沙皇亚历山大一世亲自派遣的一支俄国探险队，向南极进军了。这支探险队由"东方"号和"和平"号两艘帆船以及一批强悍的水兵组成。整个探险队由海军中校维奇法捷耶·别林斯高晋（Fabian V.BellingskauJen，1779—1852）率领。

别林斯高晋曾经接受过沙皇海军学校的熏陶，先后在波罗的海和黑海舰队服过役，参加过"希望"号军舰的首次环球探险。他不愧是一位出色的航海家。

别林斯高晋镇定自若地指挥船队穿过惊涛骇浪的南极辐合带，绕过层层冰山，于1820年1月26日，冲破南极圈，到达南纬69°22'、西经2°15'的海面。这时距离南极大陆只有20千米了，发现"南方大陆"的远大目标眼看就要实现，可是天公偏偏不作美，突然间风起云涌，天昏海暗，巨大的冰山拥挤过来，封住了前进的航道。船队被迫在南极圈附近来回折腾。一个月过去了，恐怖的南极寒季即将来临，气温急剧下降，扑打到甲板上的海水须臾成冰，大船随时有倾覆沉没的危险。饥寒交迫的水手们迫不得已，只好就近靠岸，驶抵澳大利亚的悉尼越冬。

1820年10月底，当南极的暖季重新来临时，别林斯高晋率领探险队再度出发。1821年1月10日，探险队来到南纬68°57'、西经90°35'的海域，这时云开雾散，天色晴朗。极目远眺，只见天涯尽头，陆地显现；海角之隅，群山逶迤。近如黛，远笼烟，山岭冰川，依稀可辨。别林斯高晋在他后来写的南极之行的报告中，这样描述当时的发现："在昏暗中有个发黑的斑点……太阳光透过云层，照耀着这块地方，大家怀着共同的喜悦，确信看见了白雪皑皑的海岸，只是由于白雪在斜坡上积不起来才显出黑色。"

别林斯高晋当时采纳了随行探险的西蒙诺夫教授的意见，将他们发现的这个岛屿命名为"彼得一世"岛，他们急于要为沙皇树碑立传。

继发现"彼得一世"岛之后不久，1821年1月17日，探险队又在南纬68°29'，西经75°40'，的地方发现了南极第一大岛——亚历山大一世岛。事实上"亚历山大一世岛"是由巨大的冰架与南极半岛相连的。但是俄国探险队却不敢断定自己发现了"南方大陆"。别林斯高晋在结束南极探险回国10年以后，才漫不经心地把他的那份很有价值的报告和航海图拿去出版。俄国人将这种不能容忍的迟疑归因于"别林斯高晋的特殊谨慎小心"，这种解释令人感到莫名其妙。

彼得一世岛的发现还有一段广为流传的佳话。据说就在别林斯高晋率领探险队第二次向南航行的途中，水手们在南大洋上捕捉到了一只企鹅。厨师在剖开企鹅的胸腔时，意外地发现素囊中有一块石子，这引起了大伙的注意。企鹅潜水本领不大，怎么会从深海采得石子呢？因此，他们推定：陆地就在眼前。这一偶然的发现，给了航行者们无比巨大的鼓舞和信心。

美国人坚持认为，第一个发现南极大陆的人是纳撒尼尔·帕尔默（Nathaniel Palmer）。帕尔默是康涅狄格州"英雄"号捕鲸船船长。他从南乔治亚岛向西游猎时，于1820年11月18日到达了合恩角以南的地方，那里实际上是南极半岛的一部分。美国人将此处称为帕默半岛。这样一来，帕尔默对南极大陆的发现要比别林斯高晋早50天左右。美国和俄国为此进行了旷日持久的争论。

英国人则认为，南极大陆是由英国海军军官爱德华·布兰斯菲尔德（Edward Bransfield）首先于1820年1月30日发现的，英国人因此将南极半岛称为"格雷厄姆地"。由此，英国和美国又发生了长期的争论。

究竟谁最先发现南极大陆？英、美、俄长期以来各执己见，直到1964年，人们干脆决定把南极大陆向南美洲延伸的狭长区域称为"南极半岛"。

当然，这种争论还会继续下去，因为它带有显著的政治目的。但是，不论谁是第一个发现南极大陆的人，历史都永远不会忘记他。在今天的南极洲地图上，我们可以一目了然地看到别林斯高晋海（彼得一世岛到亚历山大一世岛之间1 100千米长的海域），布兰斯菲尔德海峡以及南极半岛的故名——帕默半岛。

竞相登越

英、美、俄之间围绕着究竟谁是南极大陆的第一个发现者而引起的喋喋不休的争论，点燃了南极实地探险的烈火。各国的探险家竞相踏上征服南极大陆的艰难历程。

1823年2月，英国捕鲸者詹姆斯·威德尔（James Weddell），乘"加恩"号捕鲸船来到一个宽阔的海湾。这里冰山林立，层层叠叠。威德尔机智地利用夏季冰原融化露出的裂缝向南行驶，历经周折，终于把船只驶到了南纬74°15'的地区，从而打破了詹姆斯·库克保持达50年之久的南下纪录（南纬71°10'）——威德尔海。

1831—1833年，另一名英国捕鲸者约翰·比斯科（John Bisoe）驾驶方棚双桅帆船"杜勒"号和小汽艇"活跃"

号，两次穿越南极圈，到达恩德比地和格雷厄姆地（南极半岛）。绚丽多姿的南极光给人留下了极其深刻的印象。

19世纪40年代，蒸汽动力船的问世，特别是现代铁壳船的广泛使用，大大增加了航海对磁罗经的依赖。因此，地磁学的研究便成了北极和南极探险中的重要内容。

1831年，英国著名的航海家詹姆斯·克拉克·罗斯（Janmes Clark Ross）爵士在北极地区找到了北磁极。随后，声名赫赫的德国大数学家卡尔·高斯（Carl Gules）才华横溢地预言：有一个南磁极和北磁极相对应，这个磁极的位置应该在南纬66°，东经146°。科学的血液注入了南极探险活动中。为了寻找和测定南磁极的位置，从1838—1843年，法、美、英先后各派遣了1支探险队。由于当时南磁极的位置在陆上，这三支探险队都没有找到它。但是他们的地磁调查结果和地理上的许多新发现都为后人留下了宝贵的资料。

1838年，法国人种学家迪蒙·迪尔维尔（Dumont Durville）乘坐"星盘"号，劈波斩浪，在南大西洋、南印度洋和南太平洋上广泛调查各地的地磁情况，并于1840年来到威德尔海。他在南磁极区东经120°—160°之间发现一块陆地，迪尔维尔就用他妻子的名字将之命名为"阿德利地"。在这里，他采集了大量的岩石标本。迪蒙·迪尔维尔是第一个获得南极大陆岩石标本的人。为了纪念这位先驱在地磁调查方面作出的巨大贡献，现在的法国政府把在南磁极建立的科学考察站命名为"迪蒙·迪尔维尔"站。该站地处南磁极，在地磁场、电离层、高层大气物理和宇宙射线等方面的研究，享有得天独厚的优越位置。

1838—1840年，被人骂为"海上魔鬼"的美国海军上尉查尔斯·威尔克斯（Charles Wilkes）受美国政府派遣，率领一支探险队，从弗吉尼亚州起航，前往南极。这支探险队肩负着两项使命：调查南大洋的捕鲸业和寻找南磁极。这两项使命威尔克斯都执行得很不顺利。原来，威尔克斯本人骄横残暴，对部下很不爱护，谁要是稍有疏忽、差错或违规，一旦被发现，轻者鞭打，重则葬送性命。航途中，船员中蔓延的坏血病又夺去了一个个水手的生命。因此，在威尔克斯返航回国后不久，他便被指控进了军事法庭。这位"南极英雄"不但没有得到加官晋爵，反而声名狼藉，判刑坐牢的厄运降临到他的头上。

但是，威尔克斯毕竟学识渊博，才能出众，他立即以刚强的意志把自己海上探险经历和收集的资料著书立说。当他的19卷有关航海探险活动的书出版后，立即轰动一时，威尔克斯由此而又声名大噪。

不久，美国议会宽恕了威尔克斯的罪过，并且承认了他的探险业绩，把东经100°—160°之间的长达2 300千米的南极海岸命名为威尔克斯地。威尔克斯在1839—1840年间首次在这一带进行考察。

1840年，英国海军少将詹姆斯·克拉克·罗斯爵士驾乘两艘当时世界上装备最好的破冰船"埃里伯斯"号和"恐怖"号，巧妙地选择了一条"终南捷径"，抄近道来到南极海岸。在新西兰以西海域，探险队发现了一个深深凹进南极大陆内部的辽阔海湾，这个海湾后来以罗斯的名字命名为罗斯海。在罗斯海与威尔克斯地之间，高耸的群山似银蛇蜿蜒，绵延800多千米。为了表达对英国女皇陛下的一片赤胆忠心，罗斯将此处高山海岸命名为维多利亚地。

罗斯率领探险队信心百倍地沿罗斯海继续南进。不久，一座雄伟高耸的"冰墙"挡住了去路。这座巍然屹立的冰障纵横900多千米，高达10—70米不等，平均高出海面50米，这就是南极洲最巨大的"罗斯陆缘冰"前缘的"罗斯冰障"。罗斯机智勇敢地沿着陆缘冰的前缘小心翼翼地往南行驶，直至南纬78°15'，刷新了南下的新纪录。

在考察罗斯海和维多利亚地海岸的过程中，罗斯发现了两座火山，一座是"埃里伯斯"活火山，罗斯在航海日志上这样写着："1841年1月27日，发现一座海拔3 780米以上的高山，冒出大量火焰及烟尘，景色非常壮丽。"另一座火山位于埃里伯斯火山旁边，罗斯将此山命名为"恐怖"山。

自1843年以后至19世纪末期，盛极一时的南极探险活动进入了一个相对沉寂的时期。这主要是由于探险家们在取得了对南极的重大地理发现之后，把他们的兴趣转移到了北极。直至1895年，第六届国际地理学代表会议在伦敦召开，会议认为，南极考察是"地理考察上的非常重大的事件，仍需要继续下去"，并且呼吁各国的科学家不要再把精力耗费在海域、岛屿和陆地的发现方面，而应该集中于科学研究活动上。这次会议吹响了南极考察史上"英雄年代"的号角。

1894—1895年，挪威年轻的博物学家卡斯丁·博奇格雷文克（Carstens Borchgrevink）率领一支由9人组成的英国探险队，乘坐"南十字"号船，在维多利亚地首次登上南极大陆的海岸，并在阿德雷角破天荒地度过了南极的第一个冬天。考察队员在越冬期间，采集了大量的动物、植物和地质标本，并且坚持不懈地作了气象、地磁和其他方面观测的详细记录。

博奇格雷文克的成功探险，向全世界宣布：人类可以在南极大陆越冬！它大大地鼓舞和提高了人类征服南极的勇气和信心，从而揭开了"英雄年代"的帷幕。

斯科特——失败中的英雄

　　金色的阳光洒在闻名世界的伦敦市中心滑铁卢广场上。阳光下，两尊铜像巍然矗立，熠熠闪光。这两尊铜像早已成为一向富于冒险和探索精神的英国人民骄傲的象征。其中一尊是约翰·富兰克林的铜像，另一尊就是被人们称为"失败中的英雄"罗伯特·福尔肯·斯科特的铜像。他在南极探险史上写下了最富有浪漫色彩、最悲壮动人的一页。

　　罗伯特·福尔肯·斯科特1868年6月6日生于英格兰西南部的德本波特市。在6个兄弟姐妹中，他排行老大。家里的人爱称他为科恩。科恩有着一颗天真善良的心，家里养的那条小狗是他形影不离的好朋友。科恩也很喜欢马，他

8岁时，总是骑着一匹小马去上学。有一次，在街上他碰到一匹倒在地上的马，样子很可怜。科恩便走过去伸出一双稚嫩的小手抚摸它的鼻梁，轻轻地拍它的头，把他的额角紧紧地贴在马的下巴上。当上课的钟声迫使这个善良的少年不得不恋恋不舍地离开马儿时，他的眼眶里竟然噙满了泪水。

科恩的体形像他父亲一样单薄、瘦弱，而且性格急躁，动不动就对人发脾气。科恩的父亲弟兄5个，他由于身体不好，因此始终未能如愿以偿地当上军人。现在，他想把毕生的夙愿交给他的儿子去实现。一天晚餐时，老斯科特慈爱地对科恩说：

"科恩，你是爸爸的好儿子，将来参军好吗？"

"我不参军！我不想杀人，不想放火！"科恩连珠炮似的嚷着。

"唉，你这个孩子——"老斯科特重重地叹了口气。

"亲爱的，我看像这样下去，科恩是成不了材的，我想等他长到13岁时，把他送往海军里去磨炼。"老斯科特用商量的语气对夫人说道。

"是啊，做父母的都望子成龙。"

1881年，老斯科特终于下定决心，忍着父子离散的痛苦，强行把科恩送上了达拉河上的"不列颠"号旧式风帆战船——海军学校。科恩在这里接受了2年多的暴风骤雨般的训练，后来他又通过了少尉候补生考试，接着转到"波阿基亚"号又学习了3年，最后又到三级战舰"英纳克"号接受了3个月的训练。长达5年的海军独特的严格教育和训练，终于塑造了一位铮铮铁骨的18岁男子汉。

当斯科特的双亲见到远航训练前回家探亲的孩子时，惊喜地喊道：

"天啊！这就是科恩吗？那曾经弱不禁风的样子哪儿去了？怎么一点儿也看不到了！"

老斯科特悄悄地背转身，用颤抖的双手偷偷擦去脸上的热泪。夫妻俩禁不住哽咽起来。

"爸爸，妈妈，谢谢你们——"斯科特熟练地"啪"的一声来个立正敬礼，朗声说道。可是他的双眸也早已模糊了。

5年的分离！

然而，"江山易改，本性难移"，斯科特毕竟年轻，他还没有脱胎换骨，他的不耐烦的本性尚未完全洗涤干净。可是值得庆幸的是他发现了自己的缺点，并随时有意识地培养战胜它的坚强意志。他在临终前致爱妻的遗书有力地证明了这一点。遗书中有这样一句感人肺腑的话：

"我生来就有偷懒的坏毛病，因此我总督促自己，要勤奋努力。"

一个人最难战胜的敌人就是他自己。然而，斯科特战胜了他自己。他的钢铁般的意志和令人敬畏的高尚人格以及那遇事沉着果断、动作敏捷使他具备了一名优秀指挥官的资格。斯科特逐渐成长为一匹"千里马"。

1887年6月，加勒比海中的圣基茨海岛。蔚蓝色的大海低低地沉吟着，烈日火似的炙烤着海岛。岛上荆棘丛生，热浪滚滚，环境极其恶劣。一队英国皇家海军正在进行艰苦的训练。远远的一块大礁石上，有两个人正在指指点点。其中的一个绅士模样的男子，忽然问他身边的军官说：

"司令，把那个表现突出的小伙子叫过来吧。"

这人就是卡莱门斯·马卡姆，英国皇家地理学会会长，英国极地探险之父，此时他正在筹划着一项规模庞大的南极探险计划。他身边的司令官是他的堂兄弟，此次他是带着物色南极探险队队长的心理应邀来参观海军训练的。

很快地，被传唤的小伙子"咚咚咚"地跑过来，"啪"地立正敬礼，大声说道：

"报告长官，英国皇家海军少尉候补生罗伯特·福尔肯·斯科特到达。"

马卡姆鹰隼一样的目光敏锐地打量着面前身材魁梧、精力充沛的小伙子，他的嘴角浮现出一丝微笑。

"很好，小伙子，好好努力！"马卡姆伸出有力的大手在斯科特肩上重重地拍了几下。

"亲爱的，请你帮我多了解一下斯科特的情况。"斯科特走后，马卡姆对他的堂兄弟说。

就这样，一个伟大的极地探险家诞生了。这是几年后的事。

此次邂逅之后，斯科特被迅速调转到水雷艇上。接着，他当上了海军少校。长期火热生活的磨炼，使斯科特变得愈发深沉、果断、勤于思考。

1899年的一天，斯科特在伦敦大街上悠闲地逛着。忽然，一个绅士走过来，问道：

"啊，是斯科特先生吗？我是卡莱门斯·马卡姆，您还认识我吗？"

斯科特霎时愣住了。

"当然认识，先生，您给我的印象很深刻，那次相别已有12年了。"

"是的，12年啦，斯科特先生，事情是这样的，12年来我一直在寻找南极探险队队长的合适人选，您的表现使我认识到这个队长非您莫属了。具体情况可否到府上详谈？"

两个人一起来到斯科特家。马卡姆将他的详细计划全盘托出，斯科特深为马卡姆的信任和真诚所打动，他谨慎地说：

"马卡姆先生，请给我3天的考虑时间吧。"

3天来，斯科特夜不能寐，辗转反侧。深夜，他一个人坐在窗前，望着天空皎洁的月亮出神。马卡姆的话一次次地在耳畔萦绕：

"目前极地探险已经进入了国际竞赛的阶段，我们大英帝国人民向来就以冒险和探索著称，为了祖国的荣誉，为了科学事业，一直掌握极地探险主动权的英国皇家海军更有义务去执行南极探险计划，这对某一个人来说也是智慧和胆略的考验……"

斯科特此时正年轻力壮，血气方刚，探险的豪情不断地激励着他。3天后，他给了马卡姆一个肯定的答复。他立即着手探险的准备工作，并夜以继日地钻研南极知识。

1901年8月6日，重达485吨的"发现"号从英吉利海峡的考维斯港出发，前往南极探险，1904年9月返回。斯科特在此次探险中，率领探险队作出了杰出的贡献。他们在罗斯海的海岸建起一幢小棚房，称为棚屋据点。这个小棚房非常坚固，能经受狂风暴雪的袭击，直到今天还为南极探险队员所享用。斯科特一行克服重重困难，把"发现"号航进到南纬82°17'，创下了人类南进的最高纪录。同时，探险队员测绘了大部分地区的地形，收集了大量地质标本和气候资料。这次探险的成绩是卓著的，当斯科特回到英国时，受到了英国人民的热烈欢迎。他被推崇为英雄，当天晋升为上校，国内外各界也纷纷授予他不少荣誉。很多单位团体请他演讲。

然而斯科特素性清淡，视名利如粪土，他依然过着简朴的生活。就在探险回来后不久，有一次他和一个叫巴利的密友进行了一次知心长谈。

"巴利，你认为书斋生活和外面的活动哪种要好些？"

"这还用问，当然在外面好，书斋生活可真腻人！"

"不过我倒挺喜欢书斋那种安宁的生活。"

斯科特总是持这种观点。有人曾说，如果斯科特不当军人，那他一定会成为学者或了不起的艺术家。

在斯科特探险归国的前几年，他的家境已经衰落了。老父亲离开了人世，参加陆军的几个弟弟也相继捐躯非洲。整个家庭以年迈的母亲为核心，两个妹妹互相协助，使家庭好歹在伦敦安置下来。全家过着清静而又悲凉的生活。斯科特一生最爱他的母亲。如今，他只要一有空，就陪着老妈妈聊天、散步。

"科恩，你应该娶个媳妇，你的岁数够大的了。"老斯科特夫人慈祥地说。

"不，妈妈，我得首先照顾好您老人家！"

"不行，这不是对我的孝顺，一定要找个妻子！"老夫人生气地训斥道。

在母亲的再三坚持下，斯科特终于在1907年，在一次偶然的机会里结识了当时29岁的女雕塑家卡特琳·布鲁斯。布鲁斯曾留学巴黎，她温柔贤惠，容貌出众。两个人之间的爱慕之情逐渐萌发，于次年9月结婚。夫妻俩相亲相爱，一年后，他们有了一个逗人喜爱的小宝宝——小彼得出世了。整个家庭洋溢着温馨气氛。

的确，从斯科特的天性来说，他确实喜欢这样的小家庭生活。但是，南极的科学考察事业，却一直激励着他。首航南极归来后，他就一直酝酿着下一次南极之行。同时，登临极点的冠军魅力对一个探险者来说是无比巨大的。当斯科特昔日的南极探险伙伴爱尔兰人欧内斯特·沙克尔顿（Ernest Shackleton）逼近到离极点只有160千米的地方时，这对斯科特来说无疑是个很大的刺激。斯科特埋藏在心底的事业之火再次燃烧起来。

1909年9月13日，伦敦各报以《斯科特上校发表进军设想》为题，报道了他的计划，并刊登了他呼吁各界给予支援的请求。当时，整个英国掀起了"征服南极极点"的热潮。人们都十分自信地说：

"在南极极点上升起第一面国旗的肯定是我大不列颠。"

斯科特决定再去南极的主要目的还是进行科学考察。但是为了筹措资金，他不得不打出誓当征服南极极点冠军的旗号。这样一来，反给他增加了巨大的思想负担。从另一个角度来看，既然斯科特选择了竞争，那他就得豁出命拼搏一次。

经过许许多多的日夜奔波，斯科特终于组建了一支探险队：一艘三桅杆帆船"泰勒·诺瓦"号，陆勤队32人，海勤队30人，满洲矮种马15匹，爱斯基摩狗33条，雪橇3部。

斯科特的这支队伍同阿蒙森的探险队相比显得很小，尤其是马和狗的数量太少。大家都劝他多带一些，他就是拒不听从，因为他从小就喜欢马和狗，对这两种动物有特别的感情，同时加上他信仰基督教教义中爱护动物的信条，他说：

"在困难的时候把朝夕相伴的马和狗杀掉，我可下不了手。"

"我相信人的精神力量可以战胜一切！"

一个多么善良而又倔强的人！从斯科特后来的悲剧来看，他犯了一个不该犯的战略性错误：过分相信马的力量，而忽视了狗在冰天雪地里活动的特长，同时探险队所带的马和狗的数量又太少，以至于后来探险队在马和狗全部死光了的情况下不得不用人力拉着雪橇艰难前进。这位英雄的性格成为酿成他的悲剧的一个重要因素。

1910年6月1日，天色阴沉。大海呜咽低吟着，仿佛在诉说着一场即将来临的悲剧。停泊在伦敦港的"泰勒·诺瓦"号扬帆起航，经开普敦、墨尔本，于11月28日驶抵新西兰。有好几位船员的夫人千里迢迢从家乡赶来送行，斯科特夫人也在内。11月29日，在查尔斯马尔斯港，斯科特陪着夫人在码头散步，两人的心情都很不平静。新婚还不到两年，就要在此分别，南行的路途凶多吉少，不知道此次分别何年才得以相见！斯科特拉着夫人的手，语重心长地道别：

"妈妈和小彼得就托付给你了。"

"亲爱的，多多保重。"

"我很快就会回来的。"

然而，此次分别却成了永别。

"泰勒·诺瓦"号乘风破浪，驶抵罗斯岛的伊万斯角。斯科特率领探险队立即着手进行基地建设。在突击粮食贮存点时，他们又犯了一个错误。由于岛上天气恶劣，有1吨重的食物、燃料和饲料未能按原计划埋藏在冰架的南纬80°附近，而是比实际位置偏北约32千米，正是因为这一失误直接造成后来悲壮的结局。

一天，海勤考察队带来一条惊人的消息。

"队长，鲸湾那里有阿蒙森考察队，鲸湾离极点比我们要近177千米。他们的计划规模很庞大。"

斯科特闻言沉默了，他深沉地说：

"先生们，我心里只有一个想法，当前对我们来说，最正确最明智的方针就是按原计划行动，就好像这个情况根本没有发生过。为了国家的荣誉，我们要竭尽所能，勇敢前行。就把挪威人看做是北极吧，我们只要全力以赴，尽自己的最大可能就问心无愧了！"

探险队派出先头小分队先行出发，主力队跟踪出发。这时偏偏天公不作美，狂风暴雪迎面扑来，马达雪橇抛锚，马匹累死，大伙只得自己拉着雪橇前进。此时阿蒙森队已出发10多天了。

越过巍峨的罗斯冰架后，马匹全部死去。险象环生的比德莫尔冰川横在眼前。这座大冰川实际上是一条崎岖的冰道，布满冰块和缝隙。稍不留意，就会坠入冰山峡谷中丧生。12月11日，最后一部狗拉雪橇默默地返回基地，留下的8个人拉着雪橇继续南进。攀山峦，越悬崖，渡冰河。12月14日，阿蒙森的探险队已抵达南极点，如果这些人知道了，他们的心该是何等的痛苦！要知道，此时他们全凭着一股精神力量支撑着自己继续前进。

1912年1月4日，探险队登上比德莫尔冰川的最高点南纬87°32'处，此时离南极点只有241千米了。在这儿，斯科特又送走了爱德华·万斯少校等3人组成的保障小分队。剩下的人是斯科特，斯科特的老朋友爱德华·威尔逊博士（30岁），水兵埃德加·伊万斯（37岁），海军上尉亨利·鲍尔斯（28岁），龙骑兵团上尉奥茨（32岁）。按原计划，斯科特只拟定4人冲刺极点，后来他禁不住奥茨的再三恳求，心软下来，同意奥茨参加主力队，以便让英国陆军也能分享征服极点的荣誉。这一决定又是一个不该犯的错误，因为在当时物资极度困难的情况下，多一个人就增加了一份负担，增加了一份死亡的危险，更何况奥茨又没有滑雪板，只能靠双腿行路。

1月17日，探险队终于到达南极点。发现了阿蒙森留下的帐篷，一面挪威国旗，"弗拉姆"号的燕尾旗，还有两封信。一封是这样写的：

亲爱的斯科特船长——你可能是我们之后第一个到达

这一地区的人，所以我请求你把这封信带给豪肯七世。如果你用得着帐篷里的东西，一定不要客气。外边的雪橇或许对你有用，我衷心祝愿你安全返回——你真诚的朋友

路尔德·阿蒙森

斯科特感到天昏地暗，他彻底地绝望了。他的日记中有这样的话：

我们终于到达了南极，但气氛与始料完全不同……天啊！这是一个多么可怕的地方，为了到达这里，我们付出了如此巨大的努力，结果却得不到优胜者的奖赏！这又是多么的难堪！

我们沉浸在万分的痛苦之中，我们是否还有足够的力量安然返回呢？

在升起了"被屈辱了的英国国旗"之后，队员们踏上了黯然失色的归途。暴风雪、饥饿、冻伤、疲累严重地威胁着他们的生命。

到了2月份，南极区短暂的夏季即将过去，气温比以前骤降20℃。威尔逊冻伤了腿筋，腿部发炎肿胀；斯科特摔伤了肩胛；伊万斯冻掉了两个手指甲，头部严重摔伤，经常掉队。2月17日，斯科特发现伊万斯"跪倒在雪地上，衣服散乱，裸露的双手冻伤了，两眼失神地望着前方"（斯科特日记）。余下的4人将伊万斯抬回帐篷，当

天夜里他便死去了。死神的阴影开始笼罩在每个人的心头。请看下面斯科特的日记——

3月2日："今天早晨的情况比任何时候都糟，简直无法忍受这种灾难！"

3月5日："奥茨的双脚已经到了无可挽救的地步……燃料已经用尽，可怕的寒冷令人难以忍受。我们已无力互相帮助。"

"从今天起实行干粮定量分配。我们明白这样做的后果很可怕，但只能这样，否则我们无法前进。尽管困难重重，我们还是要把珍贵的地质标本带到最后。"

3月10日："我们所有的东西上面都结了厚厚的一层冰，很难把它们运走。"

3月11日："很显然，奥茨离死亡已经不远了……我干脆命令威尔逊把药发下去，以消除大家的痛苦……我们得到了30片鸦片，威尔逊自己留下了三针吗啡。"

3月17日："奥茨最后仍挂念着他的母亲……几个星期了，奥茨忍受了极大的疼痛，但他一声不吭，他真是一位勇士！他跟跟跄跄地跑出帐篷，消失在茫茫冰雪之中。从此，我们再也没有见到他……我们心里都明白，可怜的奥茨是自愿走向死亡的，尽管我们曾试图劝阻他，可他是一个高尚的人，他不愿连累我们，我们知道这是一个勇敢者和英国男子汉的举动。我们都准备以同样的精神去迎接这个结局，这已为期不远了。"

3月21日，剩下的3人行进到离贮存点约32千米的地方，搭起帐篷。此时，食品、燃料都已用尽，肆虐的暴风雪使人根本不能出帐篷一步。死神的黑手慢慢地伸过来。

3人各自写了遗书。斯科特给慈母、爱妻、队员家属写了12封信，还写了一封《致全国人民的报告》，其中最后两段这样写道：

倘若我们能生存下来，是可以把我们经历的艰苦和我们的勇气向大家叙述，使所有人为之感动的。不过，我相信这里留存下来的若干记述和我们的遗体，是会把一切的一切向大家诉说的。

3月29日，星期四。21日刮起的西南狂风一刻不停。20日，我们每人仅有烧两杯茶的燃料和够两天用的粮食。我们每天都准备着去贮存点，然而面前却是狂呼怒吼的暴风雪！眼下看不出有任何好转的希望。当然，我们要坚持到最后一刻，只是身体每时每刻都在衰弱下去，停止呼吸的时刻已为期不远了。遗憾的是，我已很难继续写下去了。

殷切希望能给我们的家属以生活保障！

斯科特

1912年，阿尔金逊博士率领一支搜索队，找到了斯科特等3人的帐篷和遗体以及35千克重的植物、矿石、矿物标本和保存完好的底片。搜索队全体队员为斯科特的献身精神感动得流下了眼泪。队员们将英雄的遗体就地掩埋，并精心塑造了一座圆锥形纪念塔，墓上矗立着用滑雪杖作的十字架。

罗伯特·福尔肯·斯科特的一生正如他的墓志铭：

"去奋斗，去探索，永不屈服。"

他和他的队员们的献身精神，将永远激励着后人。

阿蒙森首登南极点

　　落日将它柔和的光辉透过玻璃窗射进屋子里。屋子里干干净净，静悄悄的。靠窗子边摆着一张书案。上面堆满了书。一个男孩坐在书案边，用右手托着瘦削的下巴，炯炯有神的双目凝视着外面。这个男孩紧锁着双眉，眉宇间隐隐透出一股英俊气。他在想什么呢？原来，昨天他从一位朋友那里借到一本有关一位名叫约翰·富兰克林的英国探险家事迹的书。现在，他刚刚读完，这位伟大先驱的崇高精神和超人胆略深深地震撼了他的心灵。他激动地想：男子汉就应该像富兰克林那样，把发现地球上每一个未知的角落作为自己义不容辞的责任，为人类的开拓事业奉献自己的青春和热血。

这个男孩就是挪威著名的两极探险家路尔德.阿蒙森（Roald Amundsen，1871—1928）。这一年他刚14岁。

少年阿蒙森暗暗下定了决心，矢志不移地朝着固定的目标奋进。他如饥似渴地研读有关极地的书籍，并千里迢迢奔赴德国汉堡去学习有关地磁学的知识。为了磨炼坚强的意志，在严冬时，他把窗户全部打开，任狂风肆虐地刮进屋子，并且，阿蒙森还经常跑到奥斯陆山区锻炼筋骨。他争取参了军，在军队里摸爬滚打，风餐露宿。功夫不负有心人，阿蒙森终于将自己锻炼成为一个体格健壮、精力充沛的青年男子。

然而，阿蒙森的母亲却不愿意自己的掌上明珠去干玩命的探险事业。她对儿子说：

"路尔德，如果你再不听妈妈的话，那我就去死！"

阿蒙森是个大孝子，他不愿过度地给母亲增添痛苦，在迫不得已的情况下，他去学了一阵子医学。可是，或许冥冥之中就注定了阿蒙森与极地有不解之缘，在他21岁的时候，父母就过早地离开人世了。在经过一段时间思想斗争后，阿蒙森毅然决断地公开宣布：永远做一名探险家。紧接着，他与兄弟进行了一次翻越奥斯陆西部山区的滑雪锻炼。这一次由于准备不足，兄弟两人差点饿死、冻死。阿蒙森从中吸取了深刻的教训。以后，他每做一件事都周密计划，谨慎执行。正如他后来所说：

"我所成就的一切，都是我毕生筹划、耐心准备、苦心经营的结果。"

的确，阿蒙森的老练沉着，足智多谋，使他成为一名了不起的探险家。在他光辉短暂的一生中，他一个人占有了几个"第一"：阿蒙森是到达南极极点的第一个人；是从欧洲起飞，穿越北极到达美洲的首创者；是沿西北航道从大西洋航抵太平洋的开拓者；是沿北冰洋整个海洋线航行的唯一的一位环球航海家。全体挪威人民都以自己的国家有这样的一位英雄感到万分自豪。1925年，阿蒙森和一个叫林肯·埃尔斯沃思的美国青年驾驶飞机从斯匹次卑尔根岛起飞，前往目的地阿拉斯加。不幸的是，这次飞行试验因为飞机漏油坠毁而失败。机上人员被救援船救起。尽管试验失败了，挪威人民还是不约而同地出动数百艘船只出海迎接他。当他回到奥斯陆时，万众欢呼，鼓乐齐鸣，鲜花挥舞，彩旗飘扬，场面甚是热烈。挪威国王亲自出席王宫的欢迎宴会，大家一致盛赞阿蒙森的辉煌业绩和不屈不挠的探险精神。

阿蒙森的一生是光辉神秘的一生。他一生中经历了很多事。在这篇文章里，我们只讲述阿蒙森首登南极点的故事。

在阿蒙森打通西北航线之后，他又在不声不响地筹划着下一次更大规模的北极探险计划。这时忽然传来美国探险家皮尔里登上北极点的消息。阿蒙森一下子惊呆了。他的心中顿时失去目标，变得空虚起来。下一步该怎么办？现在世界上只剩下一个尚未被人类发现的地理目标了，这个目标就是南极点。阿蒙森在经过一番深思熟虑后，决定把主攻方向调到南极。也就在这个当儿，又传来英国探险家斯科特前往南极的消息。

"斯科特是个了不起的探险家。"阿蒙森这样说着，"不过，同这样的对手较量倒挺有意义！"

阿蒙森立即筹资组建探险队。1910年8月9日，他驾着自己的老伙伴"弗拉姆"号神秘地出发了。阿蒙森机智地玩了一个花招。他对新闻界发表演说，宣称此次之行再探北极。所有的人都被蒙住了。当"弗拉姆"号驶到非洲的马德拉群岛时，阿蒙森突然命令："继续南进！"并且，他还给正在澳大利亚的斯科特拍了封电报。对这，所有的船员都大惑不解。

阿蒙森之所以这样做，一是为了从那些热衷于北极探险的老板那里筹集足够的资金，二是给斯科特来个出乎意料。

1911年新年之际，阿蒙森探险队顺利地驶抵罗斯冰架外缘，"弗拉姆"号在鲸湾搁浅。此处离极点要比斯科特探险队所在的伊万斯角基地近177千米。阿蒙森当机立断，就在这儿建立大本营。大伙迅速地建立了7个食品燃料库，路标下面藏一张纸条，上面标注每个路标的编号和具体位置以及向北到达下一个路标的方向和距离。阿蒙森不愧是天才的探险家。他善于吸取别人的先进经验和成果，并且加以发挥创造。他天才地改造了皮尔里在北极发明的给养系统，并采用最新科技，利用保暖瓶盛贮食物。这样一来，既可以吃到热腾腾香喷喷的午餐，又节省了大量时间和精力。相比之下，斯科特探险队就显得笨拙多了。他们要吃一顿热饭就得搭起帐篷现做，既花费时间又消耗体力。

1911年10月19日，5名探险队员架着4辆雪橇（每辆雪橇由13只爱斯基摩狗拉）兴致勃勃地出发了。

探险队行进迅速，很快就登上莫德皇后山脉峰顶，放眼瞭望，南边就是地势高峻、浩瀚无垠的南极高原。群山逶迤，好似翻滚奔腾的波涛此起彼伏。明媚的阳光撒向这银色的世界，映射出万道金光，冰雪和蓝天之间飘荡着一朵朵彩云。

南极高原地势起伏大，冰川峡谷多，狗拉雪橇难以使用，同时所剩食物已不多了。于是阿蒙森狠下心来宰杀了

2/3的狗，狗肉作为食物贮存起来。当时有不少队员都流下了眼泪，因为狗是他们朝夕相处，患难与共的朋友啊！

12月7日，探险队来到欧内斯特·沙克尔顿于1909年到达的最高纬度南纬88°23′处，并在此升起了一面挪威国旗。紧接着，探险队又挺进到离极点只有144千米的地方。在这儿，阿蒙森一行5人又建立了第10个供应库。此时他们早已筋疲力尽，伤痕累累。但是，一想到征服极点的无上荣誉，全体队员又顿时变得精神抖擞了。他们相互勉励自己的队友：

"坚持就是胜利！"

天公作美，地势变得平坦起来。

1911年12月14日下午3时，人类永远不会忘记这一时刻，阿蒙森探险队到达了南极点。5个人激动得紧紧拥抱，欢呼雀跃。英雄们爽朗的笑声第一次打破了笼罩南极亿万年的沉寂。

"面纱终于被掀开了，我们地球上最大的奥秘之一再也不存在了"。

阿蒙森久久地屹立在地球的南极极点上，一阵迷惑爬上心头：

"我一生追求的目的是北极，而现在却到了南极。结局与始愿如此相反，谁能想象？"

　　探险队在极点附近停留了4天，进行了一系列细致周密的科学考察。并且竖立起一根4米高的旗杆，上面悬挂一面挪威国旗。银色荒漠上不时地传来阵阵开怀的大笑声。

　　4天后，队员们肃立脱帽挥手向南极告别。1912年1月25日凌晨4时，他们胜利返回基地。此时，留守的队员们还沉浸在甜蜜的梦乡里呢。阿蒙森诡秘地一把抱起一名队员，这位伙伴睁开惺忪的睡眼，迷惑地看着阿蒙森，好半天才认出是自己的队长回来了！他兴奋地惊叫着：

　　"南极好吗！你们到那儿了吗？"

　　"当然，伙计，一切比预料的好！"

　　基地沸腾了，快乐和骄傲占据了每个人的心灵，欢呼和呐喊响彻基地的上空。

飞越南极

在探险的英雄年代末期，南极考察因炮火纷飞的第一次世界大战而中断。战后，人们对南极的兴趣再度高涨。冰山巍巍，气候变幻莫测的南极上空开始传来"轰隆隆"的飞机声，伟大的"南极航空探险时代"开始了！

把"航空时代"带到南极应归功于美国的三位探险家。他们分别是乔治·休伯特·威尔肯斯（Geograge Hubert Wilkins），林肯·埃尔斯沃思（Lincoln Ellsworth）和理查德·伊夫林·伯德（Richard E.Byrd）。

威尔肯斯爵士于1928年12月20日，首先驾驶飞机去考察南极半岛地区，发现了他命名的赫斯特地。

1935年，林肯·埃尔斯沃思驾驶一架单引擎飞机，成功地完成了从格雷厄姆地到鲸湾横断大陆的飞行。这是航空史上的一次壮举。

威尔肯斯爵士和埃尔斯沃思两人都亲自参与了使用飞机考察南极的探险实践。但是"航空时代"南极探险的最高荣誉应归功于理查德·伊夫林·伯德。

1928年10月11日，在繁华的旧金山港，一艘银白色的"纽约"号巨轮，停泊在海面上整装待发。汽笛长鸣，又一场伟大的南极科学考察活动开始了，这支探险队的领导人是美国海军中校伯德。他平静地坐在主席桌旁，仔细聆听着身旁专家、学者的高谈阔论，慢慢地陷入了沉思……

这次航空探险分两大步骤进行。第一步是1928—1930年的预备探险。在这段时间里要在鲸湾建立一个规模庞大、设备精良的大本营，命名为"小亚美利加"。在那里竖立起一座座高达20多米的无线电通讯网塔。同时，要和战友们一起乘雪橇和飞机进行大规模的演习。然后进行探险的第二步工作，即1933—1935年的科学探险。

1929年11月28日，在"小亚美利加"基地，一架银鹰静静地停在冰雪跑道上。一项神圣的使命在等待着他去执行。一会儿，一群人谈笑风生地信步向飞机走来，他们相继踏进机舱。这时，一个身材魁梧的中年军官深沉地命令道：

"起飞！"

这个军官就是伯德中校。他神采奕奕地坐在机窗旁，兴致勃勃地看着窗外。飞机在崇山峻岭间灵活地穿绕飞行，连绵起伏的银色波浪闪电般向后飞驰而去。突然，冰山峡谷中刮起狂风，雪浪花似的云雾升腾翻滚，飞机顿时像软木塞漂浮在沸腾的牛奶锅中一样，颠簸不止。低温又使机翼上的冰霜凝成厚厚的冰层。不好，飞机有触山坠毁的危险！必须立即减轻飞机负荷，冲出云涡！

伯德立即果断地下达命令：

"扔掉机上的食品、装备和备用的燃料！"

终于，飞机脱离了浓雾的包围。万道金光透过机窗玻璃射进来，伯德稳稳地靠在椅子上，嘴角浮出神秘的微笑。他的双眸灼灼闪光，凝视着前方，准备迎战下一道险关。

经过15小时51分钟的空中飞行，伯德终于在1929年11月29日，飞达南极点并胜利返航。

遥想当年，美国探险家皮尔里远征北极总共花了429天，阿蒙森到达南极点也曾花费了210天的时间，而伯德的飞机从"小亚美利加"基地起飞，经过极点再回到原地降落，只用了15小时51分钟。这是一个多么惊人的飞跃！

南极的气候异常恶劣，瞬息多变，几十年前的飞机性能又很差，在南极作探索性的飞行是件玩命的空中冒险。暴雪狂风可以一下子把飞机掀翻。同时，飞机上的磁罗盘常常由于磁暴而不起作用。飞行员只能靠太阳和地形来识别方向。因此，那里经常发生飞行事故。据统计，1935—1959年的25年里，仅美国就有50架飞机在南极上空坠毁，平均每年两架。

伯德真不愧为南极航空考察的先驱，他将毕生的心血都投入到南极考察事业上。他一生中曾先后5次率领美国考察队到南极考察。在1933—1935年第二次南极探险活动中，伯德航空队的飞行航程达31 000千米，航空摄影面积覆盖52万平方千米，并用声波测深法测定冰层的厚度。判明了罗斯海与威德尔海并不是连接在一起的，对测绘南极地形图和了解南极的冰盖结构作出了重要的贡献。同时，他们还进行了许多航空磁力和重力测量。

就在这一次考察期内，伯德差一点捐躯南极。1934年冬天，伯德一个人待在一间远离基地的小屋里，全神贯注地作气象观测。突然，这位英雄感到头昏脑胀、胸闷作呕，他跟跟跄跄地竭力站起来，可是高大的身躯却不听使唤，"扑通"一声摔倒在地。伯德昏迷过去了。

后来，幸亏一位同事前来看望伯德，才将他抱出屋子，及时抢救过来。原来，伯德屋子里的小火炉不停地燃烧，放出大量的一氧化碳，使这位英雄因缺氧而昏倒在地。

但是，伯德依然奋斗不息。1939—1947年，伯德又作了两次南极探险。特别是第4次，规模极其宏大。探险队有20条船，包括一艘航空母舰和一艘破冰船；队员有4 000多人，包括各个方面的专家。这次大规模的考察，航空摄影面积有240万平方千米，几乎考察了南极大陆整个海岸线。还在东经70°—80°，发现了亚美利加高地。

为迎接1957—1958年国际地球物理年的到来，伯德这位老英雄（此时他已升为海军上将），不顾68岁的高龄和旅途艰辛，毅然第5次率领探险队作了最后一次南极考察。翌年，他在美国与世长辞，享年69岁。

"航空时代"的南极探险，伯德取得的辉煌功绩是遥遥领先的。此外，还有一些重要人物也立下了汗马功劳。

1929—1935年，挪威飞行员利塞尔·拉森和探险家拉斯·克里斯坦森曾先后驾机考察了从恩德比地至罗斯海之间的南极大陆沿岸，发现了毛德皇后地，朗希尔德公主海岸，阿斯特里德公主海岸和玛塔公主海岸，证明这一带也是连绵不断的陆地。

1934—1937年，英国人约翰·瑞米尔（John Rymill）也飞临南极上空，证实格雷厄姆地是一个半岛，而亚历山大一世地是一个大海岛。

南极召唤着神州巨龙

中国，这条盘踞在世界东方的巨龙，从有人类历史的那一天起，它就注定要引起整个世界的瞩目。几千年的人类文明史早已证明了这一点。虽然，这条巨龙在长达百余年的近代史上，受尽欺凌，备遭宰割，但消磨不了它的意志和自强不息的精神。

南极热切地呼唤着中国。一向崇尚和平，热爱科学的中国，也应当义不容辞地加入南极科学考察的行列，为全人类共同进步作出贡献。

1980年初，我国应友好国家的邀请，首次派出中国科学院地理研究所张青松和国家海洋局第二海洋研究所董兆乾两位科学家登上南极洲进行科学考察。从此，揭开了中华民族南极考察的序幕。

1983年5月9日，我国第五届全国人民代表大会常务委员会通过决议，中国决定参加南极条约。这一重大举措极大地推动了我国和世界各国的南极科学研究工作。截至1984年，我国政府派遣科学家参加南极联合考察活动已达50多人次。这些科学家肩负着祖国的重托，不远万里来到澳大利亚、新西兰、阿根廷、智利、日本、西德和美国等国的考察站进行严密细致的科学考察。他们的考察范围涉及气象、冰川、地质、地貌、地球化学、海洋物理、海洋生物等许多方面。这些活动为我国在南极建立科学考察站奠定了基础。

1984年11月22日早晨6时，在上海，"向阳红十号"远洋考察船和"J121"打捞救生船静静地停泊在碧波荡漾的港湾。船上鲜艳的五星红旗沐浴着万道霞光，迎风招展。突然，一声汽笛响彻云霄，两艘巨船缓缓地起锚，中华人民共和国在南极洲建立科学考察站的伟大时刻开始了。

各方面的专家、学者和广大海军官兵喜气洋洋，他们站在墨绿色的甲板上，迎着清冽的海风，有说有笑。他们来自祖国的四面八方，为一个共同的目的出发了。在远航的成员中，有的母亲刚刚离开人世，有的爱人正处在临产前期，有的劝说女友推迟了婚期……为了一个崇高的理想——为祖国开拓南极洲科学考察事业，要赶在1985年2月16日前在乔治岛上建立一座长城站。为祖国的荣誉，他们都舍弃了个人的利益。

经过一个多月的海上航行，这支队伍终于在1984年12月30日下午，在队长郭琨的率领下，胜利地登上了乔治岛。冰雪覆盖荒凉萧瑟的乔治岛大发淫威，它以肆虐的狂风暴雪严拒这支队伍的到来。然而，斗志昂扬的队员们并没有被吓倒，他们果断地将五星红旗插在白色的大地上，修筑"长城站"的序幕拉开了……

飓风怒号，白浪排空，雨雪纷飞，气温降至零摄氏度。

"下！"

随着一声短促的命令，广大队员纷纷跳进冰冷的海水里，他们挥动双臂，托起大铁锤，使劲地打钢桩，垒麻包……

7天过去了，一座长29米宽6米的码头终于修筑成功。正当大家沉浸在无比激动的喜悦中时，突然天公发怒，刮起9级暴风，顿时掀起滔天巨浪，冰冷的海水一次又一次地扑上码头，将沙砾卷走。码头四周的厚木板开始"吱咯吱咯"地松动起来。情况万分危急。郭琨队长一声号令：

"抢救物资！"

站上的所有队员立即冲上码头，经过一场惊心动魄的搏斗，码头上的物资和器材终于保住了。

接下来的工作是装卸重达450吨的建站物资，抢修两幢主楼。队员们热情高涨，一天工作达20多小时。眼，熬红了，不管；脸，冻伤了，不怕；腰痛、关节痛，小事一桩；风口露餐，举杯邀雪。信念只有一个：如期完成任务。

1985年2月15日，长城站终于如期建成了。2月20日，中国南极考察站——长城站在乔治岛上举行落成典礼。这标志着中国对南极的研究进入了一个新的阶段。

长城站地处乔治岛西侧的菲尔德斯半岛东岸，东临长城湾，背靠白雪皑皑的山坡，南望浩瀚的布兰斯菲尔海峡。夏季，启窗驰目，长城湾一碧万顷，海鸟翔集，鲸游浅底；近处的滩涂上，绿茵片片。离长城站约2千米的南海岸，石林垒垒，岩洞处处，微风鼓浪，波涛澎湃，似鼓声钟鸣。

整个长城站建筑面积600多平方米，有一幢工作楼，一幢宿舍楼，一幢发电房，两幢库房和两幢冷藏库房。工作楼和宿舍楼都是钢架架高式永久性建筑。框架是用轻型16锰钢焊接而成，在−40℃——50℃的低温下可保持稳定。墙壁采用聚氨酯发泡钢墙体，是目前国际上使用的最好材料。每个房间有一个中空的玻璃窗，并装置一个电发器。这样的房屋，不仅具有极好的保温性能，即使室外气温降至－40℃，室内开动电发器，温度可保持在20℃以上，而且还具有巨大的抗风能力。每个房间还铺上特制地毯，贴上墙纸，配备各式家具，名家字画，灯具等等，布置得十分雅致。两幢主楼除了办公室和住房外，还有餐厅、图书室、医务室、实验室、浴室和卫生间，餐厅还可兼作俱乐部和舞厅。除了办公楼和宿舍楼外，长城站还有包括发电机组、通讯站、气象站、邮政局、自动电话等现代化设施。整个长城站的建筑令前来参观的外国专家赞不绝口。更令人惊讶的是，南极考察队员在乔治岛当年建立考察站，当年就进行越冬科学考察，这不仅是我国科学史上的创举，而且在南极洲的科学考察史上也是罕见的。

1985年10月7日，在布鲁塞尔举行的第13次南极条约协商国会议上，一致通过我国为协商国。这是我国迈入南极国际合作的重大的一步，它意味着从法律上承认我国在南极事务中有发言权和决策权。

1989年2月26日，我国又建成中山站。此站建立在南极圈内，它成为中国深入南极大陆腹地直至南极点的科学考察的中心基地。

这一年，我国又成立了中国极地研究所。

1989年7月27日，中国南极考察委员会选派中国科学院兰州冰川冻土研究所副研究员秦大河参加举世瞩目的国际徒步穿越南极考察活动。这支考察队由中国、法国、美国、苏联、英国和日本六国6名队员组成，从南极半岛顶端拉森冰架的海豹岩出发，按最长路径，横穿南极大陆，于当年12月12日到达南极点。翌年3月3日，探险队胜利抵达终点站——和平站（苏联所建）。这次联合行动集探险与科学考察于一体，历时220天，徒步行进约6 000千米，这是20世纪以来，人类继登上地球之巅——珠穆朗玛峰、飞上月球之后。取得征服自然的又一次具有划时代意义的胜利。作为队员之一的秦大河的勇敢、坚强和高度的民族责任感，创造了惊人的业绩，受到国际特别是中国人民的尊敬。他为中华民族赢得了荣誉，长了中国人的志气，体现了中国愿为人类了解南极，认识南极，保护南极和和平利用南极作出贡献的决心和气度。

秦大河给《中国科学报》李存富先生的第1封信中说：

这次考察的环境、条件是十分严酷的。在过去的一个多月中，我们处在南极洲的冬季，气温在－42℃，住帐篷，滑雪前进，体力消耗很大，迎风前进时，脸部极易冻伤。苏联、日本队员和我的脸部有不同程度的冻伤。所幸的是我们都十分注意保护手、足的温度，否则不能行动，才是最大的麻烦。当时我滑雪是从头学起，用了约半个月的时间，才能跟上队伍前进。自8月12日起，我已能全天全程滑雪前进.从而大大节省了体力消耗，使我能在每天的行军后，继续做科考工作。我们每天早上5点半起床，生火做早餐，早8时出发，下午4时停止，然后安帐篷、喂狗、做晚餐，准备第二天的食物，我还要做冰川观测工作，晚9时休息。

第2封信说：

极为困难，极为艰苦，极为危险！我想我们已经经历了最困难的时期。和其他队员相比，中、苏队员更加辛苦。每天长途跋涉后，还要用个把小时做科学考察工作，观测雪层剖面、采样、纪录、气象观测……我们几乎是靠毅力而不是靠体力去完成这些工作的！科学资料的获得，哪怕是最简单、最一般资料的获得，在这类考察活动中，都是极为不易的！我很高兴地告诉你们，我们在已经通过的地区，都按计划得到了应取得的绝大多数资料。

第3封信说：

主建筑正门外约100米处，即为官方指定的地理南极点，立有一竹桩，约1米高，顶部为一圆球，周围立有1959年南极条约签署时的12国国旗，而真正的极点，因每年移动0.5—1米，距这里有数十米之远，亦立有标志。当我们抵达时，队员们在极点欢迎我们，我们6名队员，在那里用各自的语言发表了简短的讲话：按最长路径横穿南极洲的途中，今天我们站在了南极点。在整个世界汇集为一点的地方.我们要告诉大家的是，不同国家、民族和具有不同文化的人民能够一块儿工作和生活，哪怕是在这最困难的环境里，让1990年国际横穿南极考察队这种合作和藐视困难的精神，使世界变得更加美好！

第4封信说：

我们于3月3日在北京时间傍晚8时10分，胜利完成了'按最长路径横穿南极洲'的科学探险活动，顺利抵达位于南极圈上的苏联和平站。据纪录，我们徒步行进了5 986千米，历时220天，战胜了无数艰难险阻，6名队员及23只狗在和平站苏联队员的掌声和欢呼声中，抵达了终点。至此，这一历史性的科学探险活动宣布胜利结束！

新华社评论员发表文章盛赞秦大河的伟大功绩，并号召全国人民：

"中华民族的振兴，'四化'大业的实现，需要我们每个人在各自的岗位上付出加倍的努力，作出应有的贡献；需要我们学习秦大河那种勇于开拓、为国争光的精神。让我们每个人都为振兴中华贡献出一份力量吧！"

南极热起来了

　　南极，是我们这个星球上尚未开发的最后一个富饶而神秘的地方。地质学家估计，在南极洲大约存在220多种矿物。在南极大陆已经发现的矿种有50多种，发现的矿点遍布大陆各地。主要有煤、铁、铜、钼、锰、镍、铬、钴、铂、锡、铅、锌、金、银、铀、石墨、金刚石、云母、石英和绿柱石等。其中，仅查尔斯王子山脉南部鲁克尔山的铁矿估计足够全世界使用200年。罗斯海和威德尔海大陆架的含油地层厚3—4千米。据估计，仅这两个区域的石油储量就可能超过500亿桶。

　　南极四周的海洋生物资源极其丰富，尤其是储量庞大的南极磷虾，估计总储量有50亿吨，可以大大丰富世界各国蛋白质的供应。

南极冰层平均厚度在1 880米，最厚达4 000米，是世界上巨大的天然"淡水宝库"，在淡水资源日益枯竭的今天，专家学者们纷纷将目光落在了这个"宝库"上。

南极地区终年狂风不止，风速一般达每秒17—18米，最大风速达每秒75米。物理学家们正在考虑如何将这极其丰富的风力资源转化成光和热，用来改造当地的酷寒环境，创造出适合人类居住的条件。

南极又由于其所处的独特位置，在科学研究上具有独特的价值，被誉为"打开地球奥秘的金钥匙"和"科学研究的圣地"。如今，它正是地质学家、天文学家、气象学家、海洋学家、生物学家、地理学家、冰川学家、物理学家和考古学家以及其他各种专家学者的最大的"天然实验室"。

南极，这位万古长眠的"白雪女郎"终于在人类的智慧面前，慢慢地揭开朦胧而又神秘的面纱，聆听着人类急促地走来的脚步声。

自20世纪后半叶以来，南极大陆上掀起了建立科学考察站的热潮。一个个科学考察站犹如碧空星辰点缀在白茫茫的冰原上。

上世纪60年代以来，异乎寻常的南极风光吸引着一批又一批的旅游爱好者前来参观游览。这不仅给科学考察站的工作造成麻烦，而且威胁到脆弱的南极生态系统的平衡。

南极不仅以"天然实验室"的姿态展现在世界面前，而且因为它的极其丰富的潜在资源也愈来愈成为世人瞩目的焦点。

几个世纪悠悠地过去了。在早期发现、探索极地的活动中，应该公正客观地承认西方殖民者作出了巨大的贡献，尽管他们的出发点是殖民意识。人类将永远铭记那些先驱者和他们的丰功伟绩。

随着英雄年代、无畏的考察时代和技术应用时代的相继逝去，科学考察时代的诞生和发展，南北两极愈来愈引起人们的兴趣。

历史和现实一次又一次地证明极地的研究不仅有助于人们更好地了解地区性和全球性的各种物理现象，而且还有助于人们认识高纬地区生物系统的适应能力和生态关系。可以说，人类如果不充分掌握极地的知识，就无法完全了解整个地球。正是由于人类早已认识到了这一点，因此，许多国家都不断地加强对极地地区的考察研究，特别是自国际地球物理年以来，极地科学研究已大大增强，在极地考察史上构成一个重大转折点。由于极地环境恶劣，研究费用极高，同时，更主要的是由于极地的研究涉及气象学、冰川学、海洋学、地质学、生物学以及地球物理学等许多学科，并且学科交叉性特别强，因此，极地的研究需要进行国际合作。

从主权上来讲，南北两极不属于任何国家，因而这种国际合作是可能的。目前有很多国际极地研究合作计划正在执行。例如白令海大陆架过程和资源研究计划（PROBES）、北极人规划计划、南极海洋生态系统和生物种群调查计划、罗斯冰架地球物理和冰川测量计划（RIGGS）、南极冰川研究计划、干谷钻探计划（DVDP）和斯科舍孤——南极半岛大地构造计划等等，这些国际研究计划覆盖了陆界、大气圈、平流层及其以上空间，水界以及附属的生物界等各部分领域。

在极地的研究中，应该公正客观地承认美国和苏联作出了极其卓越的贡献。我国对极地的研究从20世纪80年代才开始，起步晚，尽管取得了很大的成就，但同某些发达国家相比还是有很大差距的。征服南北极，是衡量一个国家综合国力和科技水平的参考。我们应当加快现代化建设的速度，增强实力，向极地研究和开发的深度、广度进军！

世界五千年科技故事丛书